Untersuchungen zur nass-chemischen Stützenentfernung bei LPBF-gefertigten Bauteilen aus Aluminiumlegierungen

Investigations on Wet Chemical Support Removal for LPBF-manufactured Components made of Aluminium Alloys

Von der Fakultät für Maschinenwesen
der Rheinisch-Westfälischen Technischen Hochschule Aachen
zur Erlangung des akademischen Grades eines
Doktors der Ingenieurwissenschaften
genehmigte Dissertation

vorgelegt von

Tobias Schmithüsen

Berichter/in:

Univ.-Prof. Dr.-Ing. Dipl.-Wirt.-Ing. Johannes Henrich Schleifenbaum
Univ.-Prof. Dr.-Ing. habil. Gerd Witt

Tag der mündlichen Prüfung: 21. Mai 2021

ERGEBNISSE AUS DER LASERTECHNIK

Tobias Schmithüsen

Untersuchungen zur nass-chemischen Stützenentfernung bei LPBF-gefertigten Bauteilen aus Aluminiumlegierungen

Bibliografische Information der Deutschen Nationalbibliothek
Die Deutsche Nationalbibliothek verzeichnet diese Publikation in der Deutschen Nationalbibliografie; detaillierte bibliografische Daten sind im Internet über https://portal.dnb.de abrufbar.

Tobias Schmithüsen:

Untersuchungen zur nass-chemischen Stützenentfernung bei LPBF-gefertigten Bauteilen aus Aluminiumlegierungen

1. Auflage, 2021

Gedruckt auf holz- und säurefreiem Papier, 100% chlorfrei gebleicht.

Apprimus Verlag, Aachen, 2021
Wissenschaftsverlag des Instituts für Industriekommunikation und Fachmedien an der RWTH Aachen
Steinbachstr. 25, 52074 Aachen
Internet: www.apprimus-verlag.de, E-Mail: info@apprimus-verlag.de

Druck: KN Digital Printforce GmbH, Stuttgart

ISBN 978-3-86359-982-9

D 82 (Diss. RWTH Aachen University, 2021)

Vorwort

Die vorliegende Arbeit entstand neben meiner Tätigkeit als wissenschaftlicher Mitarbeiter am Fraunhofer-Institut für Lasertechnik ILT in Aachen. Teile der in dieser Arbeit vorgestellten Ergebnisse entstanden in den Forschungsvorhaben Topolight, AutoAdd und IDAM, welche aus Mitteln des Bundesministeriums für Bildung und Forschung (BMBF) gefördert wurden. An dieser Stelle möchte ich mich bei allen bedanken, die zum Gelingen der Arbeit beigetragen haben.

Allen voran danke ich Herrn Prof. Dr.-Ing. Dipl.-Wirt.-Ing. Johannes Henrich Schleifenbaum für die Überlassung des Themas und die Betreuung der Arbeit. Herrn Prof. Dr.-Ing. Gerd Witt danke ich für die Übernahme des Korreferats, Herrn Prof. Dr.-Ing. Thomas Bergs für die Übernahme des Prüfungsvorsitzes sowie Herrn Dr. Lucas Jauer für die Durchsicht der Dissertationsschrift.

Besonders bedanke ich mich bei Herrn Dr. Konrad Wissenbach und Herrn Dr. Wilhelm Meiners für die außerordentlich gute Arbeitsatmosphäre und sehr lehrreichen Jahre während der ersten Jahre meiner Tätigkeit. Durch den gewährten Freiraum im Alltag, die allzeitige Diskussionsbereitschaft und die kritischen Anregungen, konnte sich mein Wissen und Erfahrungsschatz stetig erweitern.

Neben allen Mitarbeiterinnen und Mitarbeitern der Gruppe Laser Powder Bed Fusion am Fraunhofer ILT möchte ich mich außerordentlich bei den Kollegen Dr. Florian Eibl, Christoph Gayer, Dr. Yves Hagedorn, Daniel Heußen, Tim Lantzsch, Lukas Masseling, Rui Santos-Batista, Dr. Maximilian Schniedenharn, Anders Such, Simon Vervoort und Max Voshage für die vielen lustigen Aktivitäten und Momente während meiner Promotionszeit bedanken. Besonderer Dank gilt in diesem Zusammenhang meinen (Skat-)kollegen Birk Hoppe, Andreas Vogelpoth, Christian Weiß und Pichler's Tobias für die tiefgründigen Gespräche während diverser Kneipenabende. Dr. Maximilian Meixlsperger, Dr. Felix Haeckel und Torsten Burkert danke ich für die fachlichen Diskussionen und außerfachlichen „Begegnungen".

Ein weiterer Dank geht an meine langjährigen HiWis und Abschlussarbeiter Thomas Laag, Juri Munk, Marius Schild, Martin Schuhwirth und Lucas Warnecke ohne deren große Begeisterung und unermüdlichen Einsatz die Schaffung dieses Werkes sicherlich nicht möglich gewesen wäre.

Zuletzt bedanke ich mich bei meiner Familie und meinen Freunden für die unaufhörliche Geduld und die große Unterstützung während der Promotionszeit.

Inhalt

1 Einleitung und Motivation

Laser Powder Bed Fusion (LPBF, häufig auch: Selektives Laserstrahlschmelzen) zählt zu den am häufigsten eingesetzten additiven Fertigungsverfahren (engl. Additive Manufacturing (AM)). Mit dem LPBF ist die Fertigung nahezu beliebig komplexer Bauteile aus diversen Metallpulverwerkstoffen möglich, wie der in Bild 1 dargestellte Topologieoptimierte Radträger mit integrierten gradierten Gitterstrukturen verdeutlicht. [1]

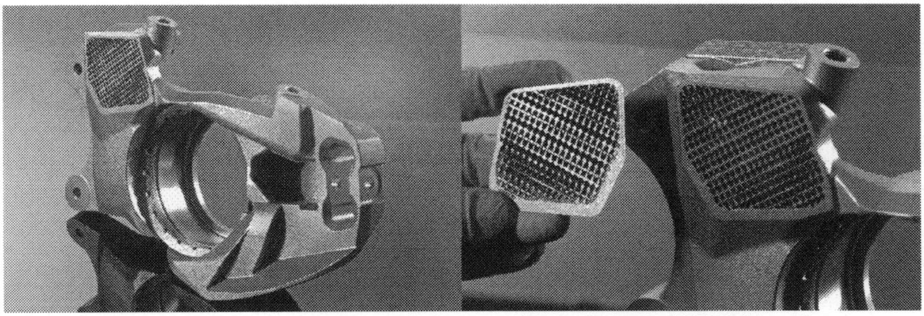

Bild 1: Topologieoptimierter Radträger mit integrierten gradierten Gitterstrukturen, gefertigt mittels LPBF Verfahren [1]

Insbesondere die Verarbeitung von Aluminiumlegierungen hat in den letzten Jahren deutlich zugenommen. Nach [2] wird ein starkes Wachstum des Verbrauchs an Aluminiumpulverwerkstoffen für additive Fertigungsverfahren bis 2028 prognostiziert (s. Bild 2).

Bild 2: Prognostizierter Verbrauch von Aluminiumpulverwerkstoffen in der additiven Fertigung nach [2] (DED = Direct Energy Deposition)

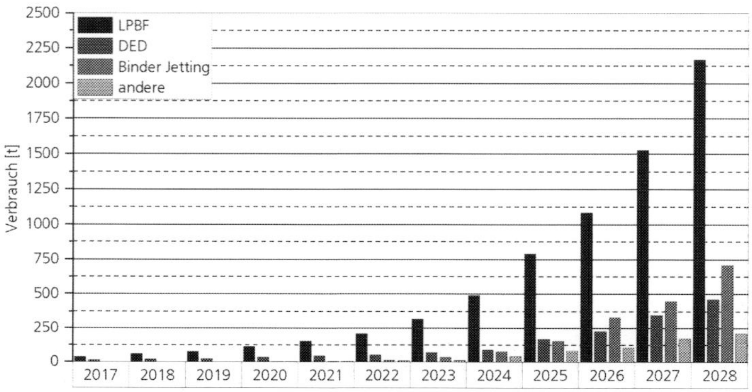

Auch aktuellen Prognosen zur Folge wird ein signifikantes Wachstum bis zum Jahr 2023 um jährlich 36,4 % erwartet [3]. Eine Branche, die zu diesem Wachstum beiträgt, ist die Automobilindustrie bei der insbesondere die Aluminiumlegierungen AlSi10Mg, AlSi9Cu3 und AlSi12 zur Fertigung von Motorblöcken, Felgen, Kolben und Zylinderköpfen eingesetzt werden [4]. In automobilen Anwendungen soll der Anteil von Aluminiumpulverwerkstoffen im Vergleich zu anderen Metallpulverwerkstoffen bis 2028 auf ein Drittel ansteigen (s. Bild 3) [2].

Bild 3: Prognostizierter Verbrauch von allen AM Metallpulverwerkstoffen und Aluminiumpulverwerkstoffen in automobilen Anwendungen (Pulverwerkstoff) nach [2]

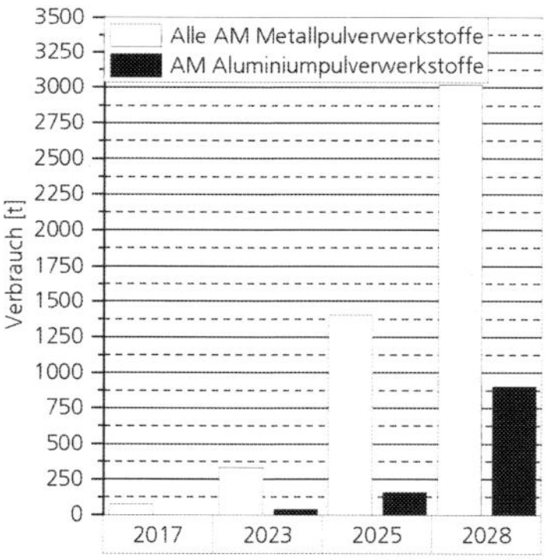

Seit der Erfindung des LPBF Mitte der 1990er Jahre wird stetig daran geforscht, das Verfahren zur industriellen Reife zu bringen und es als festen Bestandteil in neuen und bestehenden industriellen Fertigungslinien zu etablieren. Mit dem zunehmenden Technologiereifegrad des Verfahrens und der Ausbreitung im industriellen Umfeld ist in den letzten Jahren auch die Nachfrage an Automatisierungslösungen entlang der gesamten LPBF-Prozesskette gestiegen. So ist die Anzahl an Herstellern von Peripherielösungen zur automatisierten Nachbearbeitung von LPBF-gefertigten Bauteilen auf dem AM-Markt angewachsen. Dennoch entfallen laut deutschen Unternehmen in der AM-Branche heute immer noch rund 70% der Kosten additiv gefertigter Bauteile auf die Bauteilvor- und -nachbearbeitung (engl. Pre- und Post-Processing) [5]. Insbesondere die Stützenentfernung (oder Entstützung), die oftmals noch händisch mittels einfacher Handgeräte (wie bspw. Hammer, Meißel und Zangen) oder mit aufwendigen maschinellen Schritten geschieht, ist in der Regel noch mit einem hohen zeitlichen Aufwand verbunden. Je nach Anwendung nimmt die Stützenentfernung rund 75% an der Gesamtfertigungszeit in Anspruch. Damit besteht ein großer Forschungsbedarf in der Effizienzsteigerung der Stützenentfernung (Effizienz = Maß der Wirtschaftlichkeit [6]).

Aufgrund der steigenden Komplexität der LPBF-Bauteile ist die Nachbearbeitung mit den Stützenentfernungsmethoden nach dem Stand der Forschung und Technik begrenzt möglich. Insbesondere Stützen in innenliegenden Bauteilbereichen (bspw. Kühlkanäle) oder an komplexen Bauteilstrukturen (bspw. Freiformflächen), lassen sich mit den vorwiegend auf dem Wirkprinzip der mechanischen Einwirkung basierenden Nachbearbeitungsverfahren nicht oder nur unvollständig entfernen. Somit existiert ein weiterer Forschungsbedarf in der Effektivitätssteigerung der Stützenentfernung (Effektivität = Maß für Grad der Zielerreichung [6]).

Einen Lösungsansatz zur Effektivitäts- und Effizienzsteigerung liefert die Stützenentfernung mittels elektrochemischen Ätzens (Metallätzen). Das Metallätzen beruht gemäß DIN 8590 auf dem „Abtragen durch Einwirkung einer elektrolytischen Ätzlösung ohne äußere Stromquelle und mit örtlicher Elementbildung“[7]. Durch die werkzeugungebundene Bearbeitung können Bauteile prinzipiell geometrieunabhängig und parallelisiert bearbeitet werden. Der Lösungsansatz bietet daher großes Potenzial bei der Stützenentfernung, ist aber bisher für Aluminiumlegierungen unerforscht.

Im Rahmen dieser Arbeit werden zunächst die grundlegenden Zusammenhänge zwischen der nass-chemischen Behandlung und dem Materialabtrag sowie den resultierenden Materialeigenschaften LPBF-gefertigter Probekörper aus den Aluminiumlegierungen AlSi10Mg, AlSi9Cu3 und AlSi12 untersucht. Auf Basis dieser Versuche wird ein Prozessfenster für die nass-chemische Stützenentfernung entwickelt. Das Prozessfenster bildet die Grundlage für weitergehende Untersuchungen zu den mechanischen Werkstoffverhalten der behandelten Probekörper und zum Stützendesign. Weiterhin werden experimentell verschiedene Stützendesigns untersucht und hinsichtlich deren Eignung für eine effektive Pulverentfernbarkeit und effiziente nass-chemische Stützenentfernung bewertet. Als Bewertungskriterien zur Pulverentfernbarkeit werden die Restpulvermengen in den

Stützen gemessen. Die Bearbeitungsdauer, die Rauheit nach der Stützenentfernung (Entstützung), der Verzug in Aufbaurichtung bzw. die Querschnittsabweichung von Rohrstrukturen sind die Bewertungskriterien für die Stützenentfernbarkeit. Aus den Experimenten werden potenziell geeignete Stützendesigns abgeleitet. Um die Anwendbarkeit der nass-chemischen Stützenentfernung bei komplexen Bauteilstrukturen zu ermitteln, werden zudem Maßhaltigkeitsversuche an Probekörpern mit kleinen Geometriemerkmalen (Gitter, Streben, Wände) durchgeführt. Im letzten Schritt wird das entwickelte Stützendesign auf ein anwendungsnahes komplexes Demonstratorbauteil übertragen, um die technologische Machbarkeit zu demonstrieren. Zur Bewertung der Effizienz wird die LPBF-Fertigungszeit der entwickelten Stützendesigns verglichen mit dem Stützendesign nach dem Stand der Forschung und Technik (SdT) aufgezeigt.

2 Stand der Forschung und Technik

Zur Bauteilfertigung mittels LPBF müssen mehrere Prozessschritte durchlaufen werden, die je nach Anwendungsfall im Umfang und der Reihenfolge variieren können. In der Regel umfasst die Prozesskette neben dem LPBF-Prozess vor- und nachgelagerte Prozesse [8]. In Bild 4 ist eine typische Prozesskette zur Bauteilfertigung mittels LPBF am Beispiel eines Radträgers schematisch dargestellt.

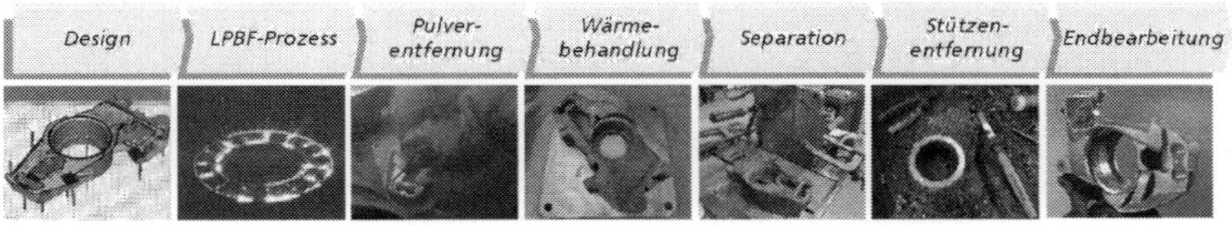

Bild 4: Schematische Prozesskette zur Bauteilfertigung mittels LPBF am Beispiel eines Radträgers [1]

Im ersten Schritt erfolgt je nach Anwendung zunächst das Designen des Bauteils, das neben dem Bauteildesign, die Baujobvorbereitung umfasst. In der Baujobvorbereitung wird das 3D-CAD-Modell mittels eines entsprechenden Aufbereitungsprogramms im Bauraum positioniert, mit Stützen versehen, in Schichten zerlegt (engl. „Slicen") und anschließend in ein maschinenlesbares Format überführt. Nach diesen vorgelagerten Schritten beginnt die Bauteilfertigung mittels LPBF (LPBF-Prozess). Nach der Bauteilfertigung wird die Substratplatte aus der LPBF-Anlage entnommen und von Pulver befreit. Nach der Pulverentfernung erfolgt meist eine Wärmebehandlung (WB), die in der Regel zur Verkleinerung von thermisch induzierten Eigenspannungen (mittels Spannungsarmglühen = SAG) eingesetzt wird [9]. Nach der WB wird das Bauteil von der Substratplatte separiert und kann weiteren Wärmebehandlungen bspw. zur Vergrößerung der mechanischen Festigkeit (bspw. T6-Wärmebehandlung, s. Bild 86) unterzogen werden. Die Trennung von der Substratplatte wird meist mittels Bandsäge oder Drahterosion vorgenommen. Im Anschluss an die Separation bzw. erweiterte Wärmebehandlung folgt die Stützenentfernung und Endbearbeitung (bspw. zum Finishen der Oberflächen oder Herstellung von Funktionsflächen). Je nach Umfang und Art der Nachbearbeitungsschritte kann die Reihenfolge in der Bauteilnachbearbeitung (engl. Post-Processing) variieren.

Schwerpunktmäßig liegen die Untersuchungen in der vorliegenden Arbeit auf den Prozessschritten „Design" insbesondere dem Stützendesign, „Pulverentfernung" sowie der „Stützenentfernung" insbesondere mittels elektrochemischen Ätzens.

Im Folgenden wird der Stand der Forschung und Technik zu diesen Prozessschritten vorgestellt. Neben den heute bereits angewendeten Stützendesigns sowie Verfahren zur Stützenentfernung wird der aktuelle Forschungsstand im Bereich der nass-chemischen Stützenentfernung präsentiert.

2.1 Stützendesign

Das LPBF ermöglicht die Fertigung nahezu beliebig komplexer Bauteile. Verfahrensbedingt führt die feste Verbindung der einzelnen aufgeschmolzenen Schichten jedoch zu einem Gradienten in der plastischen Schrumpfung über die Aufbaurichtung. Dadurch entstehen thermisch induzierte Eigenspannungen, die u.a. bei überhängenden Bauteiloberflächen zum Bauteilverzug in Aufbaurichtung führen können [9]. Um diesem Effekt entgegenzuwirken, müssen Bauteiloberflächen deren Überhangwinkel (Winkel zwischen Bauteiloberfläche und Substratplatte) einen Wert von in der Regel 45 Grad unterschreiten mit Stützstrukturen (auch Stützen, Stützgeometrien oder Supports) versehen werden [10]. Somit können Prozessfehler, wie Delamination, Risse, Verzug und Geometrieversatz vermieden werden [11]. Stützen können in zwei Oberkategorien eingeteilt werden. Stützstrukturen, die aus einzelnen voluminösen Streben (bspw. f), j), k), l), s. Tabelle 1 und Tabelle 11) aufgebaut sind, werden als Volumenstützen bezeichnet. Vektorstützen hingegen sind Stützstrukturen, die in der Regel in einem regelmäßigen Muster gefertigt werden und aus Einzelschmelzspuren (bspw. a), b), c), d), e), g), i), j) s. Tabelle 1 bzw. m) s. Tabelle 11) bestehen. Während Vektorstützen im Wesentlichen zur maßhaltigen Abbildung der Bauteiloberfläche eingesetzt werden, dienen Volumenstützen hauptsächlich für die Aufnahme der thermisch induzierten Eigenspannungen und zur Wärmeübertragung zwischen Bauteil und Substratplatte.[9] In der Regel wird eine Kombination aus Vektor- und Volumenstützen verwendet, um sowohl eine fehlerfreie als auch maßhaltige Fertigung zu gewährleisten. Die Konstruktion und Anbringung der Stützen an den jeweiligen Bauteilbereichen erfolgt mithilfe entsprechender Aufbereitungsprogramme im Pre Processing. Neben der groben Einteilung in Vektor- und Volumenstützen verfügen kommerzielle Aufbereitungsprogramme für das Stützendesign über eine große Auswahl an geometrischen Strukturen (bspw. Perforation, Fragmentierung, Sollbruchstellen, vgl. [12]) und Einstellparametern (bspw. Hatching (engl.) = Abstand benachbarter Stützenwände, Beam diameter (engl.) = Strebendicke, usw., s. Tabelle 1 und Bild 80), die für die fertigungsgerechte Auslegung der Stützen angepasst werden können. Einige in der Praxis eingesetzte Stützen sind in Tabelle 1 am Beispiel des Aufbereitungsprogramms Materialise Magics [12] zusammengefasst.

Typ	ISO-Ansicht	Unteransicht	Typ	ISO-Ansicht	Unteransicht
a) Block	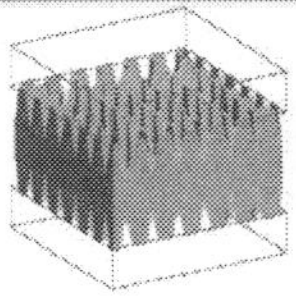		b) Kontur	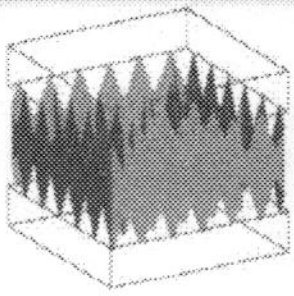	
c) Linie	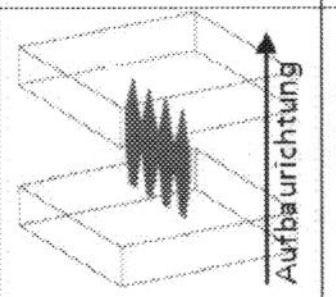		d) Gusset	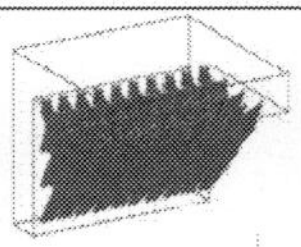	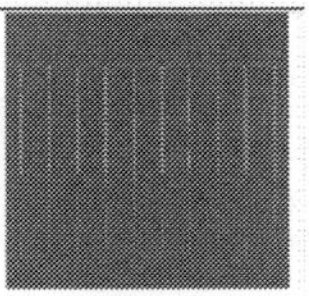
e) Punkt	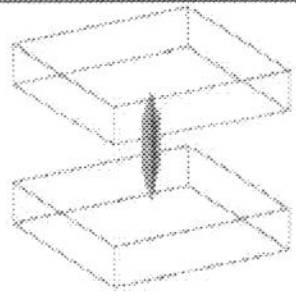		f) Volumen	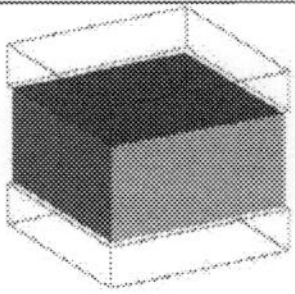	
g) Wabe	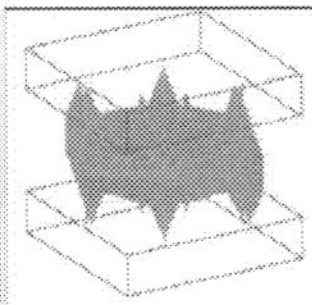	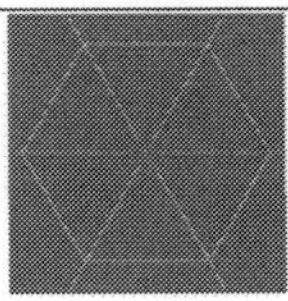	h) Kegel	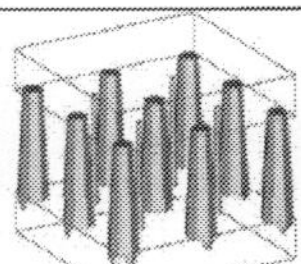	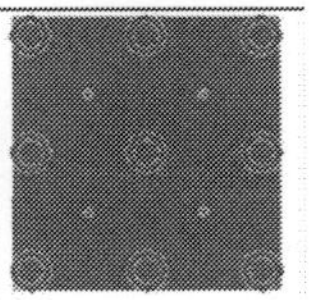
i) Estage	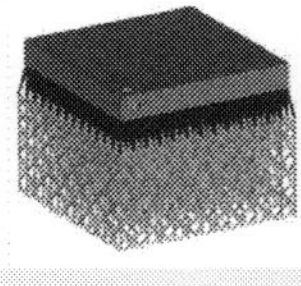	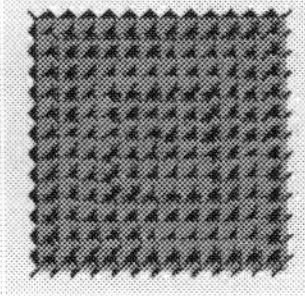	j) kombiniert, perforierte Blockstützen & Kegelstützen (SdT)	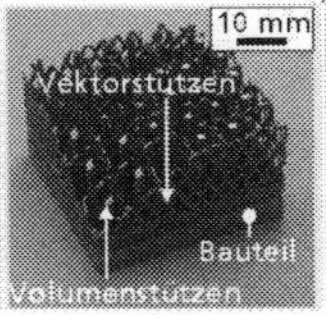	-

Tabelle 1: Zusammenfassung einiger Stützendesigns nach dem Stand der Technik am Beispiel des Aufbereitungsprogramms Materialise Magics [12]

Durch die große Vielfalt an Einstellmöglichkeiten beim Stützendesign in kommerziellen Aufbereitungsprogrammen steigt auch die Anzahl an möglichen Einflussgrößen auf die Fertigung und Bauteilqualität. Im Hinblick Stützendesign beim LPBF gibt es verschiedene Forschungsarbeiten, in denen Einfluss-Wirkzusammenhänge beim Stützendesign untersucht wurden. Diese werden im Folgenden vorgestellt.

2.1.1 Aluminiumlegierungen

In der Vergangenheit haben sich bereits verschiedene Forschungsgruppen mit dem Stützendesign bei LPBF-Aluminiumbauteilen beschäftigt. Vorwiegend wurde dabei der Einfluss verschiedener geometrischer Parameter von Blockstützen (vgl. Tabelle 1) auf die Pulverentfernungs- und Stützenentfernungsseigenschaften, sowie die Maßhaltigkeit von gestützten Probekörpern im Vergleich zu anderen Stützendesigns untersucht. In den Untersuchungen von Calignano [13] wird der Einfluss des Hatchings (s. Tabelle 1); des Basisintervals der Zähne (engl. Base interval); der Perforation und Fragmentation (Vereinzelung) der Wände (s. Bild 80) bei Blockstützen auf die manuelle Stützenentfernbarkeit und den Verzug (engl. warping) der Probekörper untersucht. Als Probekörper werden Cantilever mit verschiedenen Überhanglängen aus AlSi10Mg (und Ti6Al4V) gefertigt. Zur Bewertung der Stützenentfernbarkeit werden die Cantilever manuell entstützt und die subjektive Schwierigkeit bewertet. Der Verzug wird anhand von vier Verzugsgraden visuell beurteilt. Mit steigendem Hatching und steigender Zahnhöhe wird die Stützenentfernbarkeit einfacher und der Verzug steigt. Töppel variiert in seinen Untersuchungen in [11] das Hatching und die Zahnanbindungsfläche bei Blockstützen und untersucht deren Einfluss auf den Bauteilverzug gestützter Twincantilever (s. Tabelle 11) aus AlSi10Mg verglichen mit Kegelstützen (s. Tabelle 1). Bei einem Hatching von 0,8 mm und einer Zahnanbindungsfläche von 100 % (keine Zähne) ist der Bauteilverzug am kleinsten im Vergleich zu Kegelstützen mit gleicher Gesamtanbindungsfläche. Grundsätzlich beobachtet er, dass Blockstützen einen geringeren Bauteilverzug aufweisen als Kegelstützen. Die thermisch mechanische Simulation von Block-, Kontur- und Wabenstützen in den Untersuchungen von Krol in [14] zeigen, dass bei einem konstanten Hatching von 1 mm hingegen die Blockstützen den größten Bauteilverzug gegenüber den anderen untersuchten Stützendesigns aufweisen. Für die Simulation werden gestützte Cantilever (Tildengeometrien) und die Materialkennwerte von AlSi12 verwendet. In [15] untersucht Gralow den Einfluss fünf verschiedener Stützendesigns auf den Materialverbrauch, die Stützenentfernbarkeit (manuell) und Festigkeit (Zugfestigkeit, Maximalkraft) der Stützen sowie die Rauheit (Sa) und Maßhaltigkeit der Probekörper. Verschiedene Probekörper werden mit Geometriemerkmalen (Bohrungen, Überhänge) aus AlSi10Mg gefertigt. Zur Bestimmung des Materialverbrauchs werden die Probekörper gewogen. Die Stützenentfernbarkeit wird subjektiv nach der Schwierigkeit bei der manuellen Entfernung (mit Hammer und Meißel) beurteilt. Im Rahmen von quasistatischen Zugversuchen wird die Festigkeit der Stützen ermittelt. Die Bestimmung der Maßhaltigkeit erfolgt mittels 3D-Vermessung und die Rauheitsmessung mittels optischer Rauheitsmessung. Der Bauteilverzug ist bei allen untersuchten Stützendesigns < 1 %. Der geringste Materialverbrauch kann mit den Kegelstützen erzielt werden. Der Materialverbrauch ist hier um 58 % geringer verglichen mit den Blockstützen (standard). Es wird beobachtet, dass eine Vereinzelung (Fragmentierung) der Vektorstützen zu einer effektiveren Pulverentfernung und Materialeinsparung führen. Bei den perforierten Stützen wird eine erschwerte Pulverentfernung durch agglomeriertes Pulver festgestellt. Aus den Experimenten zur Stützenentfernung wird geschlussfolgert, dass sich vereinzelte Stützen (fragmentierte Vektorstützen oder Kegel) bei großen Oberflächen am effektivsten entfernen lassen. Bei kurzen Bohrungen (L = 5 mm) wird festgestellt, dass die Wahl der Stützen nicht entscheidend ist. Bei langen Bohrungen (L = 22 mm) hingegen ist laut den Untersuchungen von Gralow die Verwendung von Blockstützen (standard) am effektivsten für die manuelle Stützenentfernung. Die geringsten Rauheiten werden mit den Blockstützen (Standard) und den perforierten Stützen erreicht (Sa = 69 µm). Die Kegelstützen bewirken mit Sa = 105 µm die größte Rauheit im Rahmen der Studie. Ähnliche Kegelstützen bewirken in den Untersuchungen von Han in [16] eine Rauheit (Ra) von 45 µm in gestützten Rohrsegmenten. Generell wird in den Untersuchungen von Gouveia in [17] beobachtet, dass der Einsatz von Stützen eine Rauheitsverkleinerung um 20 % im Vergleich zu ungestützten Überhängen bewirkt. Die größte gemessene Maximalkraft und Zugfestigkeit wird bei Gralow in [15] mit den Blockstützen (standard) erzielt (Z_{FM} = 3,33 ± 0,15 kN, R_m = 265 ± 16 MPa). Bei den Untersuchungen von Leary in [18] wird der Einfluss verschiedener Stützenhöhen und Hatchings bei Blockstützen auf die Festigkeit und Wärmeleitfähigkeit [12] bei Probekörpern aus AlSi10Mg untersucht. Zusätzlich untersucht Leary in diesem Zusammenhang den Einfluss verschiedener Beanspruchungsarten (Normal- und Schälbeanspruchung). Die Untersuchung der Wärmeleitfähigkeit erfolgt mithilfe einer thermischen Simulation. Leary stellt in den Untersuchungen fest, dass Solltrennstellen (Zähne) am Übergang zwischen Bauteil und Stütze zu Spannungskonzentrationen führen. Diese Spannungskonzentrationen können im Fertigungsprozess das frühzeitige Versagen der Stützen bewirken, jedoch im Post-Processing die Stützenentfernbarkeit vereinfachen. Aus den Zugversuchen geht hervor, dass mit steigender Stützenhöhe die Festigkeit abnimmt. Des Weiteren wird ermittelt, dass die Stützen unter Schälbelastung tendenziell bei geringerer Belastung brechen als unter normaler Belastung. Leary schlussfolgert, dass dieser Zusammenhang insbesondere bei der Auslegung von Bauteilen deren Stützen eine ungleichmäßige Belastung infolge der Bauteilgeometrie erfahren, beachtet werden muss. Mithilfe der thermischen Simulation beobachtet Leary, dass mit steigender Stützenhöhe und Zellgröße die Wärmeleitfähigkeit der Stützen sinkt. Dies führt bei der LPBF Fertigung zu einer größeren Spitzentemperatur.

Losgelöst von Standard-Stützendesigns untersucht Hussein in [19] Stützendesigns, die auf trigonometrischen Algorithmen basieren. Insgesamt werden vier verschiedene Zelltypen hinsichtlich der LPBF-Fertigbarkeit, der mechanischen Eigenschaften (Kompression), des Gewichts und der Fertigungszeit untersucht. Hinsichtlich der LPBF-Fertigbarkeit, des Stützengewichts als auch der Fertigungszeit ist das Gyroidmuster dem Diamondmuster (s. Tabelle 11) überlegen. Bei kleiner makroskopischer Dichte (5 %) lässt sich das Gyroidmuster im Vergleich zum Diamondmuster fehlerfrei mittels LPBF fertigen. Zusätzlich kann bei gleicher makroskopischer Dichte und Zellgröße die Stützenmasse um ca. 33 % und die Fertigungszeit (Belichtungszeit) um ca. 10 % verkleinert werden. Hingegen bei der Druckfestigkeit (Kompression) und EModul weist das Diamondmuster gegenüber dem Gyroidmuster größere Werte auf.

In der nachfolgenden Tabelle 2 sind die vorgestellten Forschungsarbeiten tabellarisch zusammengefasst.

Quelle	Werkstoff; Probekörper [mm]; Stützendesign	Entpulverungs-eigenschaften	Entstützungs-eigenschaften	Maßhaltigkeit	Effizienz
Krol et. al. [14]	AlSi12; Tildengeometrie (5x10x87); Block-, Kontur-/ Wabenstützen	-	-	▪ Bauteilverzug: -kleinster → Kontur -größter → Block	-
Hussein et. al. [19]	AlSi10Mg (TiAl6V4, 316L); Cantilever (Überhang: 48x15x2); (Schwartz diamond, Schoen gyroid)	-	-	▪ Bei kleiner makro. Dichte (5%) LPBF-Fertigbarkeit von Gyroid besser als von Diamond (Strebenbruch) ▪ Druckfestigkeit und EModul von Diamond größer als von Gyroid	▪ Gyroid 33% kleineres Gewicht als Diamond ▪ Gyroid 10% kleinere Fertigungs-zeit als Diamond
Calignano et. al. [12]	AlSi10Mg; Ti6Al4V; Cantilever (Überhanglänge: 0,5-6); Blockstützen, perforiert	-	▪ Größeres Hatching & Zahnhöhe → einfachere Stützen-entfernung (manuell)	▪ Je kleiner Hatching & Zahnhöhe desto kleiner Bauteilverzug	-
Töppel et. al. [11]	AlSi10Mg; NiCr22Fe18Mo; Cantilever, (Überhang: 60x12x3); Block- & Kegelstützen	-	-	▪ Je kleiner Hatching & größer Zahn-anbindungsfläche desto kleiner Bauteilverzug ▪ Kleinster Bauteilverzug Block mit Hatching: 0,8 mm & Zahnanbindungs-fläche: 100% ▪ Kegel größerer Bauteil-verzug als Block	-
Gralow et. al. [15]	AlSi10Mg; versch. Probekörper mit gestützten Flächen & Bohrungen; Block- (standard, fragmentiert ,perforiert), Kegel-, & Gussetstützen	▪ Fragment-ierung bewirkt effektivere Pulver-entfernung ▪ Perforation bewirkt Pulver-agglomeration	▪ Einfachste Entfernbarkeit: -Bohrung, lang: Block (standard) -Bohrung, kurz: alle außer Gusset -große Oberfläche: Block (fragmentiert) ▪ kleinste Rauheit (Ra): Block (standard) 69 µm	▪ Verzug in Aufbaurichtung < 1% (bei allen Stützendesigns) ▪ Größte Maximalkraft & Zugfestigkeit: Blockstützen (standard): F_m = 3,33±0,15 kN, R_m = 265±16 MPa	▪ Kegel 58% kleinerer Material-verbrauch als Block (standard)
Han et. al. [16]	AlSi10Mg; Rohre (∅ 5-30x5); Kegelstützen	-	-	▪ Größte Rauheit (Ra) bei Überhangwinkel 45°: ca. 45 µm	-
Leary et. al. [18]	AlSi10Mg; Zug-/Reißproben (2x9x2-6); Blockstützen	-	▪ Solltrennstellen bewirken Spannungs-konzentration an Übergang zwischen Bauteil und Stütze → Einfachere Stützenentfern-barkeit	▪ Mit größerer Stützen-höhe verkleinert sich Festigkeit ▪ Schälbelastung führt zu verfrühtem Stützen-bruch verglichen mit normaler Belastung ▪ Mit größerer Stützen-höhe & Hatching verkleinert sich Wärmeleitfähigkeit	-
Gouveia et. al. [17]	AlSi10Mg; Würfel mit Geometriemerkmalen; nicht spezifiziert	-	▪ 20% verkleinerte Rauheit (Ra) mit Stützen	-	-

Tabelle 2: Zusammenfassung einiger Forschungsarbeiten zum Stützendesign für LPBF-Aluminiumbauteile nach dem Stand der Forschung

2.1.2 Eisen- und Titanbasiswerkstoffe

Im Folgenden werden weiterführende Untersuchungen von verschiedenen Forschungsgruppen zum Stützendesign bei LPBF-Bauteilen aus anderen Werkstoffen (316L, Ti6Al4V) erläutert.

Cloots untersucht in [20] den Einfluss von Übergangsschichten zwischen Bauteil und Stützen auf die Maßhaltigkeit von Quadern aus dem Edelstahl 316L. Motiviert durch die unterschiedlichen Wärmeableitungszustände in Bauteil und Stützen teilt er das Bauteil in un- und kritische Bereiche ein. Bei den kritischen Bereichen des Bauteils -in den Untersuchungen repräsentiert durch den Übergangsbereich zwischen Bauteil und Stützen- werden die LPBF-Prozessparameter variiert und untersucht. Er untersucht, ab welcher Anzahl von Schichten eine maßhaltige Fertigung möglich ist. Zusätzlich werden das Hatching der Stützen (vgl. Tabelle 1), der Abstand der Schmelzspuren (Hatchabstand) und die Scangeschwindigkeit (Geschwindigkeit des Laserstrahl bezogen auf die Bearbeitungsebene) variiert und der Einfluss auf die Rauheit an der gestützten Quaderoberfläche ermittelt. Mittels visueller Sichtprüfung werden die gefertigten Probekörper hinsichtlich der Schrumpfung und Stützenabrisse bewertet. Es wird beobachtet, dass mit sinkendem Hatching die Rauheit an der gestützten Quaderoberfläche kleiner wird. Zusätzlich wird festgestellt, dass bei der Verwendung von 20 Übergangsschichten (engl. connection layers) und angepassten LPBF-Prozessparametern eine Schrumpfung und das Abreißen der Stützen weitestgehend unterbunden werden kann. Gan untersucht in [21] den Einfluss verschiedener Stützendesigns auf die Rauheit an der gestützten Oberfläche von Probekörpern aus 316L. Zusätzlich wird die Temperaturverteilung in den Stützen mithilfe einer thermischen Simulation abgebildet. Die getesteten „Y"-Stützen (s. Tabelle 11) können nicht fehlerfrei gefertigt werden, während die „IY"-Stützen (s. Tabelle 11) bei einer Anbindungsfläche von 2,2% mit eingeschränkter Maßhaltigkeit aufbaubar sind. Ein Multimaterialansatz zum Stützen von LPBF-Edelstahlbauteilen untersucht Chao in [22]. Bei diesem Verfahrensansatz wird zusätzlich zum Grundwerkstoff ein Kompositpulverwerkstoff aus Silizium-Carbid und Edelstahl (SiC-316L) verwendet, um als Stützenmaterial überhängende Bauteiloberflächen zu stützen. Dazu wird der Kompositpulverwerkstoff mithilfe eines Dispensers lokal an den zu stützenden Stellen aufgetragen und zusammen mit dem Grundwerkstoff umgeschmolzen. Das SiC-316L ist verglichen mit dem 316L wesentlich poröser und spröder, wodurch es nach den Untersuchungen von Chao leicht mittels Sandstrahlen entfernt werden kann. Auf das Pulverrecycling nach der LPBF-Fertigung wird in den Untersuchungen nicht eingegangen.

Verschiedene Forschungsgruppen beschäftigten sich mit der Untersuchung verschiedener Stützendesigns für LPBF-Bauteile aus der Titanlegierung Ti6Al4V. So erforschte Zeng in [23] den Einfluss verschiedener Hatchings und Stützenhöhen auf die LPBF-Fertigbarkeit von quaderförmigen Probekörpern aus der Titanlegierung Ti6Al4V. Ebenfalls für diese Titanlegierung untersuchen Bobbio in [24], Lindecke in [25] und Weber in [26] das mechanische Werkstoffverhalten verschiedener Stützendesigns an Probekörpern. Die Festigkeit der untersuchten Stützen ist ca. 21% - 90% kleiner als die Festigkeit des dichten Materials. Bobbio und Weber begründet die verkleinerten Festigkeitswerte mit geometrischen Einflüssen (bspw. angesinterte Pulverpartikel), die zu einer Spannungskonzentration führen. Lindecke gelangt zur Erkenntnis, dass eine Verkleinerung der Perforation und die Verwendung von Kegelstützen die Festigkeit vergrößern.

Neben experimentellen Untersuchungen gibt es einige Forschungsarbeiten zur Simulation von Stützen. Samant und Vaidya untersuchten unabhängig voneinander in [27, 28] verschiedene Algorithmen und Datenmanagementformate zur Bestimmung einer Bauteilorientierung für eine verbesserte Stützenerreichbarkeit und –entfernbarkeit. Gardan, Kuo, Langelaar und Acharya erforschen im Rahmen ihrer Untersuchungen in [29–32] verschiedene Simulationsansätze zur Auslegung von Stützen mittels Topologieoptimierung.

In Tabelle 3 sind einige der zuvor dargestellten Forschungsarbeiten zum Stützendesign zusammengefasst.

Quelle	Werkstoff; Probekörper [mm]; Stützendesign	Untersuchungsschwerpunkte und –ergebnisse
Cloots et. al. [20]	316L, Quader (24x24xH); Blockstützen & Übergangsschichten	▪ Kleinste Rauheit bei kleinstem Hatching nach manueller Stützenentfernung ▪ Verkleinerte Schrumpfung & Stützenabriss bei Hatching (2 mm) und 20 Übergangsschichten mit angepassten LPBF-Prozessparametern ▪ Variierte Parameter: Hatching (2; 4; 6 mm); Übergangsschichten (20; 60; 200)
Gan et. al. [21]	316L; Quader (15x15x5, 15x15x0,5); „IY" & „Y"-Stützen	▪ Einfluss geometrischer Parameter des Stützendesigns auf die Rauheit der gestützten Oberfläche & Temperaturverteilung (simulativ) ▪ LPBF Fertigung von „Y"-Stützen aufgrund von Bauteilverzug nicht möglich ▪ „IY"-Stützen mit 2,2% Anbindungsfläche mit eingeschränkter Maßhaltigkeit fertigbar
Chao et. al. [22]	316L & SiC-316L; Brücke (30x10x5): Volumenstützen SiC-316L	▪ Multimaterialansatz mit SiC-316L als Stützenmaterial ▪ Pulverauftrag des Stützenmaterials mittels Dispenser ▪ Poröses, Rissbehaftetes Stützenmaterial kann mittels Sandstrahlen entfernt werden
Zeng et. al. [23]	Ti6Al4V; Quader (40x5x2; 20x20x2); Block- und Volumenstützen	▪ Einfluss geometrischer Parameter des Stützendesigns auf die LPBF-Fertigkarkeit ▪ Variierte Parameter: Hatching (0,8 – 1,2 mm); Stützenhöhe (2; 5 mm) ▪ Fehlerfreie LPBF-Fertigung -Quader (20x20x2 mm³) bei Hatching 0,8 mm -Quader (50x5x2 mm³) bei Hatching 1,2 mm
Bobbio et. al. [24]	Ti6Al4V; Zugproben (Stützvolumen: 2x9x2); Blockstützen	▪ Einfluss geometrischer Parameter des Stützendesigns auf die Festigkeit ▪ Variierte Parameter: Hatching (0,35; 0,7 mm) ▪ Festigkeit der Blockstützen entsprechen 34-49% des dichten Materials ▪ Verkleinerte Festigkeit durch geometrische Einflüsse → Spannungskonzentrationen
Lindecke et. al. [25]	Ti6Al4V; Zugproben (Stützfläche: 6x6); Blockstützen	▪ Einfluss geometrischer Parameter des Stützendesigns auf die Festigkeit ▪ Variierte Parameter: Zahngeometrie: Top Length (0,2-0,6 mm); Base length (0,75; 1 mm), mit/ ohne Perforation & Kegelstützen ▪ Festigkeit der Blockstützen entsprechen 21% des dichten Materials ▪ Perforation verkleinern, Kegelstützen vergrößern Festigkeit
Weber et. al. [26]	Ti6Al4V; Zugproben (Stützvolumen: ∅6x10); Zylinderstützen	▪ Einfluss geometrischer Parameter des Stützendesigns auf die Festigkeit ▪ Variierte Parameter: Zylinderdurchmesser (0,1 - 1 mm), Zylinderabstand ▪ Angesinterte Pulverpartikel bewirken ca. 90% kleinere Festigkeit als dichtes Material
Samant; Vaidya; Gardan; Kuo; Langelaar; Acharya et. al. [27-32]	-; versch. Bauteile; versch. Stützendesigns	▪ Algorithmus-basierte Bestimmung einer verbesserten Bauteilorientierung mittels speziellen Datenmanagementformats (Octree und Voxel) ▪ Optimierungsgrößen: Effektivere Stützenerreichbarkeit & –entfernbarkeit ▪ Simulationsansätze zur Auslegung von Stützen mittels Topologieoptimierung und multiphysikalischen Modellen

Tabelle 3: Zusammenfassung einiger Forschungsarbeiten zum Stützendesign für LPBF-Bauteile aus anderen Werkstoffen nach dem Stand der Forschung

Sowohl in der alltäglichen Praxis als auch als grundlegendes Stützendesign in diversen Forschungsarbeiten sind Block- und Kegelstützen (s. Tabelle 1) am weitesteten verbreitet. Daher werden das Blockstützen-Design mit Perforation für Vektorstützen bzw. Kegelstützen für Volumenstützen als SdT-Stützendesign definiert und bei allen Untersuchungen als Referenz herangezogen (s. Tabelle 1, j)). Die verwendeten geometrischen Parameter für die SdT-Vektorstützen sind in Bild 80 im Anhang aufgeführt.

2.2 Stützenentfernung und Oberflächenbeeinflussung

Das Trennen mitgefertigter Stützen vom Bauteil kann in Anlehnung an die DIN 8580 [33] durch verschiedene Wirkprinzipien realisiert werden. Weit im LPBF verbreitet sind werkzeuggebundene Verfahren, die in Anlehnung an Gruppe 3.2: „Spanen mit geometrisch bestimmter Schneide" der DIN 8580 [33] auf dem Wirkprinzip der mechanischen Einwirkung eines Schneidwerkzeugs auf die Materialoberfläche basieren. Dabei erfolgt die mechanische Einwirkung manuell mittels einfacher Handgeräte, wie Meißel, Zangen oder maschinell mittels Fräsen oder Drehen [34]. Das Wirkprinzip funktioniert bis auf wenige Ausnahmen materialunabhängig.

Zwei Verfahren, die ebenfalls auf dem Wirkprinzip der mechanischen Einwirkung auf die Materialoberfläche basieren, sind in Anlehnung an die DIN 8589-0 [35] das Gleit- und Strahlspanen. Beim Gleitspanen werden die Bauteile chargenweise in einen Behälter mit losen Schleifpartikeln und ggf. weiteren abrasiven Medien gegeben. Durch kontinuierliches Umwälzen werden die Bauteiloberflächen unter der mechanischen Einwirkung der Schleifpartikel geglättet und von Stützenresten entfernt [36]. Das Strahlspanen beruht auf dem energiegebundenen Wirkprinzip der mechanischen Einwirkung von Strahlmitteln, die durch einen Energieträger (i.d.R. Luft) im Druck- oder Schleuderverfahren auf die zu behandelnde Materialoberfläche gestrahlt werden. Durch die große kinetische Energie der abrasiven Partikel können Stützenreste von der Bauteiloberfläche abgetragen werden [37].

Neben der mechanischen Einwirkung auf die Materialoberfläche können Stützen auch durch Abtragen entfernt werden. Das Abtragen ist in Anlehnung an die DIN 8580 [33] definiert als: „Fertigen durch Abtrennen von Stoffteilchen von einem festen Körper auf nichtmechanischem Wege." [7] Wobei der „Vorgang in der Wirkzone an der Oberfläche des Werkstückes" [7] geschieht. Das Abtragen ist weiterhin in drei Untergruppen unterteilt (thermisches, chemisches und elektronisches Abtragen). Zum chemischen Abtragen zählt das thermisch-chemische Entgraten. Ein bereits kommerziell verfügbares System, dass auf diesem Wirkprinzip basiert, wird vorwiegend zum Entgraten von Gussteilen eingesetzt. Bei diesem Verfahrensprinzip wird die Verbrennung von Methangas in einer Druckkammer genutzt, um Grate oder verborgene Verunreinigungen von bearbeiteten Komponenten anhand einer Oxidationsreaktion zu entfernen [38]. Die Bestückung erfolgt chargenweise.

Ein weiteres bereits eingesetztes Wirkprinzip zur Stützentfernung, das auf dem elektronischen Abtragen beruht, ist das elektrochemische Oberflächenabtragen (EC-Oberflächenabtragen). Das EC-Oberflächenabtragen ist nach DIN 8590 definiert als: „Elektrochemisches Abtragen von Oberflächenschichten beliebiger Ausdehnung unter Verwendung einer äußeren Stromquelle bei niedriger Wirkstromdichte (0,04 bis 3 A/cm^2), mit großen Abständen der Elektroden (Kathodenbleche) vom Werkstück und unter Anwendung werkstoffspezifischer Elektrolyte in Einrichtungen, die galvanotechnischen Bad-Anlagen entsprechen." [7]. Auch hier gibt es bereits kommerzielle Systeme auf dem Markt, die auf diesem Verfahrensprinzip beruhen. Bei diesen Systemen werden die Bauteile manuell in ein Gestell gehangen und automatisiert in verschiedene Elektrolytbäder gegeben. Durch Anlegen einer äußeren Stromquelle wird das Material mit der Zeit aufgelöst und die Stützen vom Bauteil entfernt. Mithilfe der Methode können Stützen mit Einschränkungen auch an schwer zugänglichen Bauteilbereichen entfernt werden. In der Fachliteratur sind verschiedene Forschungsgruppen bekannt, die sich ebenfalls mit dem EC-Oberflächenabtragen zur Stützenentfernung oder Oberflächenbehandlung von LPBF-gefertigten Bauteilen aus verschiedenen Werkstoffen beschäftigt haben. In [39] untersucht Bagehorn den Einfluss einer Oberflächenbehandlung mittels EC-Oberflächenabtragens mit einer speziellen Mixtur (Ammoniumfluorid NH_4F, Schwefelsäure H_2SO_4 und Komplexbildner, vgl. [40]) auf die Oberflächenqualität und die Schwingfestigkeit von Probekörpern aus der Titanlegierung Ti6Al4V. Durch die elektrochemische Behandlung wird eine Rauheitsverkleinerung (Ra) um 81 % nach einer Bearbeitungsdauer von t = 60 min beobachtet. Die Oberflächenglättung bewirkt eine Vergrößerung der Schwingfestigkeit (Schwingzahl) um 174% nach einer Behandlung für t = 40 min. Lefky und Hildreth untersuchen in [41–43] den Einfluss einer Sensibilisierung der Materialoberfläche zur Beschleunigung des Materialabtrags bei der Stützenentfernung mittels EC-Oberflächenabtragen. Die Untersuchungen werden an LPBF-gefertigten Probekörpern aus Edelstahl (316L/ PH17-4) und Inconel 718 (IN718) durchgeführt. Durch die Vorbehandlung der Probekörper mit einer Chemikalie (Natriumhexacyanidoferrat(II)) in Kombination mit einer Wärmebehandlung (Warmauslagern bei Temperatur T = 800°C für die Zeit t = 6 h) verkleinert sich das freie Chrom in der oberflächennahen Schicht (Schichtdicke $d_{Schicht}$ = 100 - 200 µm). Durch diese thermische Sensibilisierung kann Lefky einen schnelleren zeitlichen Materialabtrag in der oberflächennahen Schicht nachweisen. Die Bearbeitungsdauer bis zur vollständigen Trennung der Stützen vom Bauteil beträgt t = 7 h mit Wärmebehandlung (WB) und ohne WB t = 7,7 h. Zusätzlich wird mit der Behandlung eine Rauheitsverkleinerung von ca. 40 % erzielt. In vergleichenden Untersuchungen ohne thermische Sensibilisierung beobachtet er die Bildung von Auskolkungen (engl. Pittings) an der Materialoberfläche.

Neben dem Abtragen von Stoffteilchen durch Anlegen einer äußeren Stromquelle, können diese auch ohne Stromquelle in einer elektrolytischen Ätzlösung mit örtlicher Elementbildung abgetragen werden. In Anlehnung an die DIN 8590 wird das auf diesem Wirkprinzip beruhende Verfahren elektrochemisches Ätzen (Metallätzen) genannt. In der Fachliteratur gibt es eine Vielzahl von Veröffentlichungen zum Metallätzen von LPBF-Bauteilen mit verschiedenen Forschungsschwerpunkten. So gibt es Untersuchungen zur Oberflächenbehandlung mittels Metallätzen bei LPBF-Bauteilen aus verschiedenen Werkstoffen. Das Wirkprinzip beim Metallätzen ist auch identisch zum Korrosionsmechanismus bei Metallwerkstoffen. Verschiedene Veröffentlichungen existieren zum Einfluss der Korrosion auf die Materialeigenschaften von LPBF-Aluminiumbauteilen. Bei anderen Werkstoffen wurden neben der Oberflächenbehandlung und des Korrosionsverhaltens auch bereits erfolgreich Stützen mittels Metallätzen entfernt. Im Nachfolgenden werden einige Untersuchungen zum Metallätzen von verschiedenen Werkstoffen im LPBF vorgestellt.

2.2.1 Metallätzen von Aluminiumlegierungen

Scherillo beschreibt in [44] Untersuchungen zur chemischen Oberflächenbehandlung mittels Metallätzen von Probekörpern aus der Aluminiumlegierung AlSi10Mg. Mithilfe verschiedener Elektrolyte werden in einer zweistufigen Behandlung zunächst Irregularitäten und anschließend die Materialoberflächen geglättet. Der Materialabtrag beträgt 0,002-0,003 g/cm²/min und es kann eine Rauheitsverkleinerung von ca. 72 % bei den Probekörpern erreicht werden. Zhou berichtet in seinen Untersuchungen in [45] von den grundlegenden Einflüssen intermetallischer Phasen bei Aluminiumlegierungen. Phasen aus Silizium (Si), Kupfer (Cu) und Kupferaluminid (Al_2Cu) sind gegenüber dem α-Mischkristall elektropositiver und wirken somit kathodisch. Hingegen ist die festigkeitssteigende Sekundärphase Magnesiumsilizid (Mg_2Si) elektronegativer und wirkt demnach anodisch auf die α-Mischkristallphase. Bei den Experimenten von Cecchel in [46] werden verschiedene Aluminiumlegierungen im Gusszustand mittels Salzsprühtest auf die Korrosionsbeständigkeit untersucht. Es wird beobachtet, dass der Masseabtrag bei der Aluminiumlegierung AlSi9Cu3 6,6-fach größer als bei AlSi10Mg und 5,5-fach größer als bei AlSi11 ist. Als Ursache für die größeren Masseabträge werden die intermetallischen Al-Cu-Phasen genannt, die kathodisch auf das Aluminium wirken. Infolge des groben Gussgefüges bewirken diese Phasen Lochkorrosion bei den untersuchten Probekörpern.

Mit Bezug auf Aluminiumlegierungen im LPBF untersuchen die unabhängigen Forschungsgruppen um Cabrini und Gu in [47–51] verschiedene Einflussfaktoren auf das Korrosionsverhalten von LPBF-gefertigten Probekörpern aus AlSi10Mg. Der Einfluss verschiedener Oberflächenorientierungen der Materialoberflächen und Wärmebehandlungstemperaturen (WBT) werden auf das Korrosionsverhalten von Quadern (10x10x1 mm³) und Scheiben (∅15x5 mm³) untersucht. Die jeweiligen Probekörper werden mit einer elektrolytischen Salzlösung (NaCl) beaufschlagt. Im LPBF bildet sich durch die schnellen Abkühlraten bei der Erstarrung eine fein verteilte α-Mischkristallphase, die von einem Netzwerk aus eutektischem Silizium umgeben ist, aus. Dieses Gefüge ist verglichen mit dem Gusszustand um mehrere Größenordnungen feiner verteilt [9]. Cabrini und Gu beobachten, dass das Gefüge in den einzelnen Schmelzbädern feiner ist, als an den Schmelzbadrändern. Durch die größeren Phasen gibt es eine größere Potentialdifferenz (→ galvanische Zelle [52]) zwischen dem edleren Silizium-Netzwerk und der unedleren α-Mischkristallphase. Dadurch erfolgt der Materialabtrag bevorzugt an den Schmelzbadrändern in Form einer selektiven Korrosion. Zwischen den Schmelzbädern wird bevorzugt eine Lochkorrosion initiiert. Nach den Untersuchungen von Cabrini und Gu dominieren bei den untersuchten Probekörpern auf mikroskopischer Ebene Korrosionsmechanismen, die lokal wirken (Selektive Korrosion, Lochkorrosion). Jedoch wird festgestellt, dass der Masseabtrag auf makroskopischer Ebene aufgrund der wesentlich feineren Mikrostruktur beim LPBF vorwiegend flächig erfolgt. Dabei wird dieser Effekt zusätzlich durch die Oberflächenorientierung und WBT beeinflusst. Es wird beobachtet, dass der Masseabtrag an einer parallel zur Aufbaurichtung orientierten Materialoberfläche kleiner ist als an einer senkrecht orientierten Materialoberfläche. Die Ursache wird ebenfalls in den unterschiedlich großen Mikrostrukturen gesehen, die an Bauteiloberflächen senkrecht zur Aufbaurichtung größere Phasen und somit eine größere Korrosionsanfälligkeit aufweist. Der gleiche Effekt wird auch bei Vergrößerung der WBT nachgewiesen. Mit zunehmender WBT wird einer Vergrößerung der Mikrostruktur festgestellt. Ursache hierfür ist die Herauslösung des im α-Mischkristall gelösten Siliziums, welches in das umliegende Silizium-Netzwerk ausscheidet. Dadurch verschiebt sich das elektrochemische Potential und der Masseabtrag vergrößert sich. Chen beobachtet in [53] ähnliche Korrosionsmechanismen an LPBF-gefertigten Probekörpern aus der Aluminiumlegierung AlSi12. In seinen Untersuchungen stellt er zudem unterschiedliche Mengen von Pittings je nach Oberflächenorientierung fest. Nach Chen verkleinert die feinere Mikrostruktur beim LPBF die Korrosionsanfälligkeit verglichen mit dem Gusszustand, da das fein verteilte edlere Silizium-Netzwerk die Bildung von Korrosionsprodukten verkleinert und das Aluminium somit schützt. Zu den gleichen Erkenntnissen kommt auch Fousova in [54]. Sie untersucht das Korrosionsverhalten von LPBF-gefertigten Probekörpern aus der Aluminiumlegierung AlSi9Cu3. Sie identifiziert dieselben Phasen sowie Phasenverteilungen, wie bei AlSi10Mg, ergänzt um geringe Anteile von Kupferaluminid (Al_2Cu) im eutektischen Silizium-Netzwerk. Neben dem verkleinerten Masseabtrag infolge des feineren Gefüges, wird die schon bei AlSi10Mg von Cabrini und Gu beobachtete größere Korrosionsanfälligkeit an den Schmelzbadrändern nachgewiesen. In Tabelle 4 sind einige Forschungsarbeiten zum Metalätzen und zur Korrosion nach dem Stand der Forschung bei Aluminiumlegierungen zusammengefasst.

Quelle	Werkstoff; Bauteile [mm]	Elektrolyt	Untersuchungsschwerpunkte und -ergebnisse	
Scherillo et. al. [44]	AlSi10Mg; Würfel (Oberfläche: 20x20)	HNO_3-HF; H_2O-H_3PO_4-H_2SO_4-HNO_3-HF-$CuSO_4$	Zweistufige Oberflächenbehandlung: Entfernung Irregularitäten & Oberflächenglättung ➢ Materialabtrag: 0,002-0,003 g/cm²min ➢ Verkleinerung der Rauheit um ca. 72%	
Zhou et. al. [45]	-	-	Einfluss intermetallischer Phasen auf Korrosionsverhalten: ▪ Si-, Cu-, Al_2Cu-Phasen: elektropositiver als α-Mischkristall ▪ Mg_2Si-Phase: elektronegativer als α-Mischkristall	
Cecchel et. al. [46]	AlSi10Mg, AlSi11, AlSi9Cu3	NaCl	Korrosionsbeständigkeit von Probekörpern im Gusszustand (Salzsprühtest): ➢ Masseabtrag bei AlSi9Cu3 6,6x größer als AlSi10Mg und 5,5x größer als AlSi11 ➢ AlSi9Cu3 anfälliger für Lochkorrosion als Al-Si-Legierungen	
			Mikrostruktur	**Korrosionsverhalten**
Cabrini, Gu et. al. [47-51]	AlSi10Mg; Scheiben (∅15x5), Würfel (10x10x10), Quader (10x10x1)	$(NH_4)_2SO_4$-NaCl (Harrison Lösung); NaCl-Na_2SO_4	Allgemein: ▪ α-Mischkristall + eutekt. Si an Korngrenzen ▪ Gefüge in Schmelzbad kleiner als an Schmelzbadrändern	➢ Selektive Korrosion vorwiegend an Schmelzbadrändern ➢ Lochkorrosion wird bevorzugt zwischen den Schmelzbädern initiiert ➢ Bei LPBF-Probekörpern flächiger Masseabtrag dominierend infolge des feineren Gefüges vgl. mit Gusszustand
			Oberflächenorientierung: ▪ Feineres Gefüge parallel zur Aufbaurichtung	➢ Größerer Masseabtrag an Materialoberflächen senkrecht zur Aufbaurichtung
			WB-Temperatur: ▪ Größere WB-T (T = 200 → 550°C) bewirkt größere Si-Partikelphasen	➢ Si-Partikelphase wird elektropositiver ➢ Größere Potentialdifferenz zwischen Si-Partikel- & α-Mischkristallphase → Potentialverschiebung ➢ Größerer Masseabtrag
Chen et. al. [53]	AlSi12; Quader (10x10x5)	NaCl	Allgemein: ▪ α-Mischkristallphase + eutekt. Si-Netzwerk an Korngrenzen	➢ Feine Phasenverteilung in Gefüge (LPBF vs. Guss) bewirkt verkleinerten Masseabtrag ➢ Si-Netzwerk verkleinert Bildung von Korrosionsprodukten und schützt Aluminium
			Oberflächenorientierung: ▪ Feineres Gefüge parallel zur Aufbaurichtung	➢ Größerer Masseabtrag an Materialoberflächen senkrecht zur Aufbaurichtung Materialoberfläche zur Aufbaurichtung: ▪ senkrecht ➢ selektive Korrosion/ große Pittings ▪ parallel ➢ flächiger Masseabtrag/ kleine Pittings
Fousova et. al. [54]	AlSi9Cu3; Zylinder (∅8x11)	NaCl-HCl-H_2O (Audi Solution)	Allgemein: ▪ α-Mischkristall + eutekt. Si an Korngrenzen ▪ Geringe Anteile von Al_2Cu in eutekt. Si-Netzwerk ▪ Gröbere Phasenverteilung im Gusszustand	➢ Feine Phasenverteilung in Gefüge (LPBF vs. Guss) bewirkt verkleinerten Masseabtrag ➢ Masseabtrag an Schmelzbadrändern größer ➢ Masseabtrag bei LPBF-Probekörpern gleichmäßiger als Gusszustand

Tabelle 4: Zusammenfassung einiger Forschungsarbeiten zum Metalätzen und zur Korrosion nach dem Stand der Forschung bei Aluminiumlegierungen

2.2.2 Chemisches Abtragen von Cobalt-, Eisen-, Nickel- und Titanbasiswerkstoffen

Im Folgenden werden weiterführende Untersuchungen von verschiedenen Forschungsgruppen zur Oberflächenbehandlung und Stützenentfernung von LPBF-Bauteilen aus anderen Werkstoffen erläutert. Einige Forschungsgruppen untersuchten das Metallätzen mittels Flusssäure (HF) bzw. einer Mixtur aus Flusssäure

(HF), Salpetersäure (HNO_3) und Wasser (H_2O) von Probekörpern aus Titan und der Titanlegierung Ti6Al4V. In den Untersuchungen von Kausch in [55] wird das Metallätzen zur nass-chemischen Stützenentfernung genutzt. An Ringscheiben mit dünnwandigen Stützen aus der Titanlegierung Ti6Al4V demonstriert er die vollständige Auflösung der Stützen. Für eine hohe Maßhaltigkeit empfiehlt Kausch die Verwendung eines Bauteilaufmaßes, um den Materialabtrag am Bauteil zu kompensieren. Im Rahmen der Untersuchungen wird ein zeitlicher Materialabtrag von 0,08 mm/min festgestellt. Nach einer Bearbeitungsdauer von t = 1 min wird bereits eine Rauheitsverkleinerung (Rz) von ca. 50 % ermittelt. Die Verwendung der Mixtur bewirkt eine Rauheitsverkleinerung von 61 % (t = 15 min). Zusätzlich kann eine Vergrößerung der Schwingfestigkeit durch die Behandlung gegenüber dem Fertigungszustand (wie gebaut) nachgewiesen werden. Ähnliche Beobachtungen machen die unabhängigen Forschungsgruppen um Wysocki, Soro und Bezuidenhout in den Untersuchungen in [56–58]. Sie untersuchen die Oberflächenbehandlung mittels Metallätzen an verschiedenen Gitterstrukturen sowie Schwingfestigkeitsproben. Neben der vollständigen Entfernung von anhaftenden Partikeln wird bei Wysocki die Bildung von Pittings beobachtet. Bei den Untersuchungen von Bezuidenhout wird eine Rauheitsverkleinerung von bis zu ca. 90% bei Materialabtragsraten von 0,12-0,17 g/min nachgewiesen. Zusätzlich wird eine Verbesserung der Schwingfestigkeit (größere ertragbare Amplitudenspannung) festgestellt. Soro untersucht unter anderem den Einfluss des Metallätzens auf die Oberflächenglättung von verschiedenen Gitterstrukturen. In den experimentellen Untersuchungen werden lokal unterschiedliche Materialabträge identifiziert, die auf die unterschiedlichen Rauheiten aufgrund unterschiedlicher Oberflächenorientierungen zurückgeführt werden. An Probekörpern aus der Kobalt-Chrom-Legierung CoCr (F75) erforscht van Hooreweder in [59] den Einfluss des Metallätzens mittels einer Mixtur aus Salzsäure (HCl), Wasserstoffperoxid (H_2O_2) und deionisiertem Wasser (H_2O) auf die Oberflächenqualität von Gitterstrukturen. Zusätzlich wird der Zusammenhang zwischen der nass-chemischen Behandlung und der Schwingfestigkeit ermittelt. Die Behandlung bewirkt einerseits eine Verkleinerung anhaftender Partikel und andererseits die Bildung von Pittings. Die annähernd gleichbleibende Rauheit vor und nach der nass-chemischen Behandlung wird durch die Bildung von Pittings begründet, wodurch im Mittel keine Verkleinerung der Rauheit stattfindet. Im Rahmen von Schwingfestigkeitsversuchen unter Druckschwellbeanspruchung kann kein Einfluss durch die chemische Behandlung nachgewiesen werden. In Tabelle 5 ist eine Zusammenfassung der geschilderten Wirkprinzipien zur nass-chemischen Stützenentfernung und Oberflächenbehandlung zusammengefasst.

Wirkprinzip/ Quelle		*Werkstoff; Bauteile [mm]*	*Elektrolyt*	*Untersuchungsschwerpunkte und -ergebnisse*
Elektrochemisches Oberflächenabtragen	Bagehorn et. al. [39]	Ti6Al4V; Quader (105x75x2), Schwingfestigkeitsproben	NH_4F-H_2SO_4-Komplexbildner	▪ Verkleinerung der Rauheit um 81% (Ra) ▪ Schwingfestigkeit (Zugschwell): Vergrößerung max. Lastspielzahl um 174%
	Lefky, Hildreth, et. al. [41-43]	316L, IN718; Scheibe (∅16x5)	HNO_3-KCl-HCl-H_2O	▪ ohne WB: Entfernung nach t = 7,7 h ▪ Vergrößerung der Rauheit durch Bildung von Pittings
			HNO_3-KCl-H_2O; HNO_3	▪ Oberflächensensibilisierung mittels Chemikalie + WB: Entfernung nach t = 7 h ▪ Vergrößerter Materialabtrag an vorbehandelter Materialoberfläche ▪ Verkleinerung der Rauheit um 40%
Metallätzen	Kausch et. al. [55]	Ti6Al4V; Ringscheibe mit dünnwandigen Stützen (∅22x2), Schwingfestigkeitsproben	HF; HF-HNO_3-(H_2O)	▪ Vollständige Auflösung der Stützen möglich ▪ Bauteilaufmaß notwendig ▪ Materialabtragsrate: max. 0,08 mm/min ▪ Verkleinerung der Rauheit um 50% (Rz)-
				▪ Bauteilaufmaß notwendig ▪ Verkleinerung der Rauheit um 61% (Rz) ▪ Schwingfestigkeit (Zugschwell): Vergrößerung max. Lastspielzahl
	Wysocki et. al. [56]	Titan CP Ti; Zylinder mit Gitterstruktur (∅6x4,5)		▪ Entfernung anhaftender Partikel ▪ Bildung von Pittings
	Soro et. al. [57]	Ti6Al4V; Zylinder mit Gitterstruktur (∅10x10)		▪ Untersuchte Gitterstrukturen: Diamond, Gyroid, Schwartz primitive (vgl. Tabelle 91) ▪ Vollständige Entfernung anhaftender Partikel ▪ Verkleinerung der Rauheit um 20-35% je nach untersuchter Gitterstruktur ▪ Lokal ungleichmäßiger Materialabtrag bei Schwartz p.
	Bezuidenhout et. al. [58]	Ti6Al4V; Schwingfestigkeitsproben		▪ Untersuchung verschiedener HF-Konzentrationen (1, 2, 4 M) ▪ Materialabtragsrate: max. ca. 0,12-0,17 g/min (4 M HF) ▪ Verkleinerung der Rauheit um ca. 90% (4 M HF) (Ra) ▪ Schwingfestigkeit (Zugschwell): Vergrößerung max. ertragbarer Amplitudenspannung
	van Hooreweder et. al. [59]	CoCr F75; Zylinder mit Gitterstruktur (∅6-15x8-20)	HCl-H_2O_2-H_2O (DI)	▪ Entfernung anhaftender Partikel ▪ Bildung von Pittings ▪ Keine Veränderung der Rauheit ▪ Druckschwell: Keine Veränderung

Tabelle 5: Zusammenfassung einiger Forschungsarbeiten zum chemischen Abtragen nach dem Stand der Forschung bei anderen Werkstoffen

Aus dem Stand der Forschung und Technik ergeben sich einige Herausforderungen, die für die Umsetzung des Metallätzens als industriell einsetzbares Verfahren zur Stützenentfernung bei LPBF-gefertigten Bauteilen aus Aluminiumlegierungen gelöst werden müssen. Diese werden im nachfolgenden Kapitel näher erläutert und im Rahmen dieser Arbeit systematisch untersucht.

3 Problemstellung, Zielsetzung und Vorgehensweise

3.1 Problemstellung und Zielsetzung

Um das LPBF-Verfahren für die Fertigung komplexer Bauteilgeometrien nutzbar zu machen, ist das Stützendesign nach dem Stand der Forschung und Technik hauptsächlich auf eine fehlerfreie und maßhaltige LPBF-Fertigung ausgerichtet. Im Zuge des fortschreitenden Reifegrads des LPBF-Verfahrens und des Drangs nach automatisierten Prozessketten für die industrielle Serienproduktion nimmt die Nachfrage an automatisierbaren Lösungen für das Post-Processing an Bedeutung zu. So werden rund 70 % der Kosten additiv gefertigter Bauteile laut deutschen Unternehmen in der AM-Branche durch das Pre- und Post-Processing verursacht [5]. Insbesondere die Stützenentfernung stellt eine wesentliche Herausforderung bei der Nachbearbeitung von LPBF-gefertigten Bauteilen dar [60, 61]. Gemäß dem Stand der Forschung und Technik sind die heute verwendeten Verfahren zur Stützenentfernung nicht wirtschaftlich oder ineffektiv. Die auf dem Wirkprinzip der mechanischen Einwirkung basierenden Verfahren (manuelle Stützenentfernung, Gleit- und Strahlspanen, Fräsen und Drehen) sind für innenliegende Bauteilbereiche ungeeignet. Auf dem Wirkprinzip des thermisch-chemischen Entgratens [7] beruhende Verfahren sind für Aluminiumlegierungen und großflächig gestützte Bauteilbereichen nicht einsetzbar. Die hohe Wärmeleitfähigkeit der Aluminiumlegierungen ($\lambda = 120 - 232$ W/m*K) und große Stützenvolumen verkleinern die Effektivität des Entgratprozesses bezüglich der Kantenverrundung und des Materialabtrags [62], wodurch insbesondere Volumenstützen sich mit diesem Wirkprinzip nicht entfernen lassen. Die Stützenentfernung mittels EC-Oberflächenabtragens [63], das ebenfalls bereits kommerziell verfügbar und für titanhaltige Werkstoffe erprobt ist, hebt die genannten Defizite weitestgehend auf. Jedoch hängt das Bearbeitungsergebnis bei diesem Wirkprinzip vom Werkstoff, der Geometrie und dem Stützendesign ab. Zusätzlich müssen die Bauteile in der Regel einzeln kontaktiert werden und das Spannungspotenzial zwischen Anode und Kathode bedingt einen richtungsabhängigen Materialabtrag.

Ein weiterer automatisierbarer Ansatz, der von Kausch in [55] erprobt wurde, ist die Stützenentfernung mittels Metallätzen [7]. Bei diesem Verfahrensansatz wird das Bauteil mit den Stützen vollständig oder teilweise in eine elektrolytische Ätzlösung eingetaucht. Durch die chemische Reaktion wird das Material abgetragen und die Stützen vom Bauteil entfernt. Kausch weist im Rahmen seiner Untersuchungen die vollständige Entfernung von Stützen an Probekörpern aus Ti6Al4V nach. Zusätzlich beobachtet er eine Rauheitsverkleinerung (Rz) und eine Vergrößerung der Schwingfestigkeit (Zugschwellbeanspruchung). Weiterer wesentlicher Vorteil bei diesem Verfahren gegenüber dem EC-Oberflächenabtragen ist die Möglichkeit Bauteile als loses Schüttgut behandeln zu können. Insbesondere bei der Anwendung in der industriellen Serienproduktion stellt dies ein wesentliches Potenzial zur durchgängigen Automatisierung der Stützenentfernung dar.

Bisher unerforscht ist der Verfahrensansatz zur Stützenentfernung mittels Metallätzen an Aluminiumlegierungen, deren Anteil jedoch im LPBF zunehmend an Bedeutung gewinnt (s. Bild 2). Bisherige Forschungsarbeiten artverwandter Themen bei Aluminiumlegierungen im LPBF liegen schwerpunktmäßig auf Untersuchungen zur nass-chemischen Oberflächenbehandlung bzw. der Korrosionsmechanismen unter Einwirkung von salzigen Elektrolyten. Unerforscht ist die gezielte nass-chemische Behandlung zur Stützenentfernung bei Aluminiumlegierungen im LPBF. Konkret gibt es noch keine Kenntnisse darüber, wie sich die nass-chemische Behandlung mittels eines basischen Elektrolyts auf den Materialabtrag, die chemische Zusammensetzung und Rauheit der Materialoberfläche sowie die dynamischen Materialeigenschaften auswirken. LPBF-gefertigte Bauteile werden in der Regel wärmebehandelt. Bei LPBF-Bauteilen aus Aluminiumlegierungen wird je nach Anwendungsfall ein Spannungsarmglühen (SAG) und/ oder eine T6-Behandlung vorgenommen (s. Bild 86). Gemäß dem Stand der Forschung bewirkt die Wärmebehandlung mit größerer Wärmebehandlungstemperatur (WBT) eine Umwandlung der Mikrostruktur [49, 51]. Je nach WBT kann dies Einfluss auf den Materialabtrag und die Oberflächenmorphologie haben. Welchen Einfluss die verschiedenen Wärmebehandlungen bei der Einwirkung eines basischen Elektrolyts auf LPBF-gefertigte Probekörper haben, ist bisher unerforscht. Am Beispiel von LPBF-gefertigten Probekörpern aus der Aluminiumlegierung AlSi10Mg wird der Einfluss von verschiedenen Wärmebehandlungen (SAG, T6) auf den Materialabtrag und die Oberflächenbeschaffenheit experimentell untersucht. Beim Metallätzen wird Material am Bauteil abgetragen. Zur Einhaltung der Maßhaltigkeit muss der Materialabtrag durch ein Bauteilaufmaß kompensiert werden. Auch hier sind noch keine Kenntnisse über die Wirkweise des Materialabtrags auf makroskopischer Ebene und untere Auflösungsgrenzen für Geometriemerkmale (Gitter, Streben, Wände) bei LPBF-Aluminiumbauteilen vorhanden. Aus den genannten Defiziten bei Aluminiumlegierungen im LPBF ergibt sich ein großer Forschungsbedarf, der in der vorliegenden Arbeit im Rahmen von **Grundlagenuntersuchungen zum Materialabtrag** systematisch untersucht und weiterentwickelt werden soll.

Für eine effektive und effiziente nass-chemische Stützenentfernung müssen die Stützen bestimmte Voraussetzungen erfüllen. Stützen nach dem Stand der Forschung und Technik weisen im Hinblick auf diese Voraussetzungen zwei wesentliche Defizite auf. Stützen sind vorwiegend in regelmäßigen Mustern aufgebaut. Durch die engmaschige Anordnung dieser Muster, vorrangig bei Vektorstützen (Block, Kontur, Estage, s. Tabelle 1) ist die Pulverentfernung nur eingeschränkt möglich. Insbesondere bei innenliegenden (bspw. Kühlkanäle) und großflächig gestützten Bauteilbereichen ($A > 40 \times 40\ mm^2$) verbleibt in den Zwischenräumen der Stützen Restpulver (s. Bild 5). Durch das verbliebene Restpulver wird das chemische Abtragen der im Pulver befindlichen Stützen unterbunden und die Stützen nicht vollständig aufgelöst. Dieser Effekt ist beispielhaft an den im LPBF vorwiegend verwendeten Blockstützen [12, 18, 13, 15] in Bild 5 dargestellt.

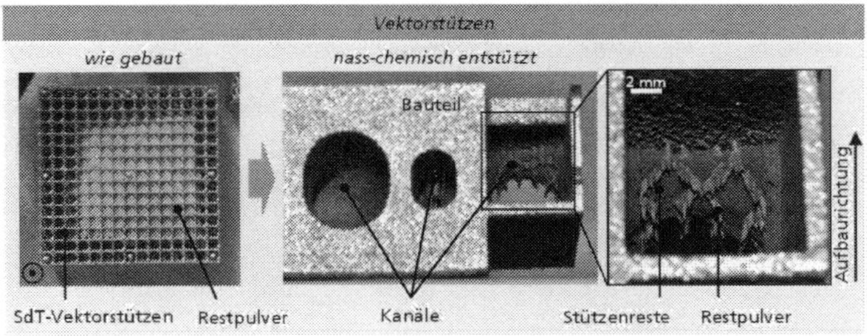

Bild 5: Wesentliche Defizite von Vektorstützen nach dem Stand der Technik und Forschung

Die Reaktionsgeschwindigkeit und damit auch der zeitliche Materialabtrag hängt unter anderem vom Zerteilungsgrad (ZG, auch Granularität [64]) ab. Der Zerteilungsgrad beschreibt das Verhältnis aus (benetzbarer) Oberfläche (oder Umfang) zu zugehörigem Volumen (bzw. Querschnittsfläche). Je größer der ZG ist, desto größer ist der zeitliche Materialabtrag. Demnach sollten Stützen zur schnellen chemischen Auflösung eine möglichst großflächig benetzbare Oberfläche bei geringem Volumen aufweisen. Die nach dem Stand der Forschung und Technik weit verbreiteten und in vielen Anwendungen unerlässlichen Volumenstützen (Kegel, Volumen, s. Tabelle 1) sind für eine nass-chemische Stützenentfernung ungeeignet. Die voluminösen Strukturen lassen sich aufgrund des kleinen Zerteilungsgrads nur verzögert chemisch auflösen, wie exemplarisch in Bild 6 dargestellt ist.

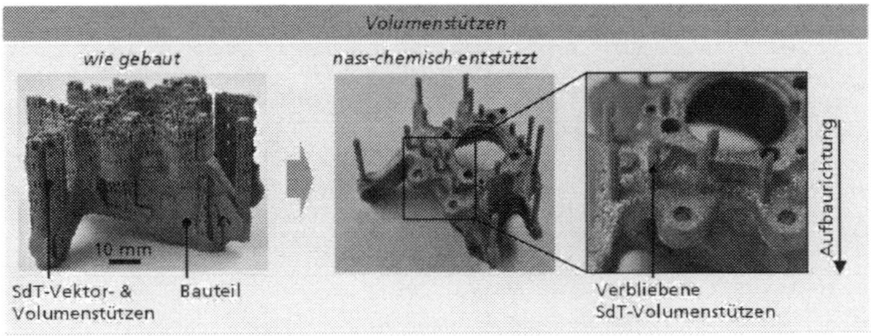

Bild 6: Wesentliche Defizite von Volumenstützen nach dem Stand der Technik und Forschung (Bauteil: Skalierter additiv gefertigter Achsschenkel der BMW Group AG [65])

Im Rahmen von **Untersuchungen zum Stützendesign und Entstützen** sollen in dieser Arbeit Stützendesigns für verschiedene Bauteilbereiche zur Verkleinerung der genannten Defizite erarbeitet werden.

3.2 Forschungsfragen und Vorgehensweise

Im vorherigen Kapitel wurde eine theoretische Vorbetrachtung auf Basis der Erkenntnisse aus dem Stand der Forschung und Technik geleistet. Aus den Defiziten beim Stützendesign und der Stützenentfernung kann eine wesentliche Forschungsfrage abgeleitet werden, die im Rahmen dieser Arbeit systematisch weiterführend zum Stand der Forschung und Technik beantwortet werden soll:

„Wie kann die Effektivität und Effizienz der nass-chemischen Stützenentfernung bei LPBF-Aluminiumbauteilen vergrößert werden?"

Als Lösungsansatz wird die nass-chemische Stützenentfernung herangezogen. Abgeleitet aus der genannten Forschungsfrage ergeben sich im Hinblick auf den Lösungsansatz die folgenden konkreten Fragestellungen:

1. Wie wirkt sich die nass-chemische Behandlung auf den Materialabtrag, die Materialoberfläche (Rauheit, Mikrostruktur) sowie die mechanischen Eigenschaften (dynamisch) von Probekörpern aus?

2. Wie ist Geometrie des Materialabtrags?

3. Wie wirkt sich das Stützendesign an verschiedenen Bauteilbereichen auf die Restpulvermenge, Rauheit und Maßhaltigkeit (Bauteilverzug, Gestaltabweichung) von Probekörpern aus?

4. Wie wirken sich das Stützendesign und die nass-chemische Stützenentfernung auf die Maßhaltigkeit komplexer Bauteile aus?

5. Welchen Einfluss hat das Stützendesign auf die Fertigungszeit (Belichtungszeit)?

Aus den genannten Fragestellungen ergeben sich für diese Arbeit verschiedene inhaltliche Schwerpunkte, um den Stand der Forschung und Technik systematisch zu erweitern. Die grundlegende Vorgehensweise zur Erreichung der Ziele ist in Bild 7 aufgeführt.

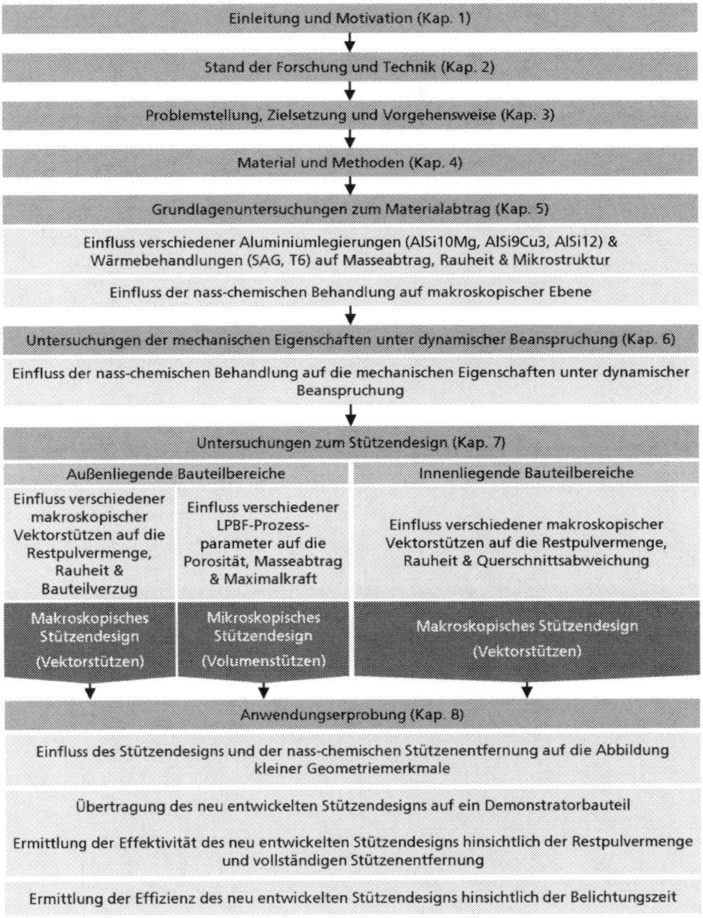

Bild 7: Schematische Darstellung der grundsätzlichen Vorgehensweise in dieser Arbeit

Die vorliegende Arbeit ist in acht Hauptkapitel gegliedert (s. Bild 7). Ausgehend von der Marktentwicklung für Aluminiumlegierungen in der additiven Fertigung und der zunehmenden Industrialisierung des LPBF-Verfahrens wird einleitend das Thema der Arbeit motiviert (Kapitel 1). Danach werden Forschungsarbeiten und angewandte Methoden zum Stützendesign und der Stützenentfernung gemäß dem Stand der Forschung und Technik geschildert (Kapitel 2). Davon abgeleitet werden in Kapitel 3 die wesentliche Problemstellung, Zielsetzung und Vorgehensweise erläutert. Die verwendeten Materialien und angewandten Methoden zur Erreichung der Ziele werden in Kapitel 4 vorgestellt.

In Kapitel 5 werden die grundlegenden Wirkzusammenhänge zwischen verschiedenen Aluminiumlegierungen im LPBF sowie Wärmebehandlungen und dem Materialabtrag vorgestellt. An einfachen Probekörpern (Würfeln) wird der Masseabtrag durch die nass-chemische Behandlung bestimmt. Mithilfe der Untersuchung der Rauheiten und Mikrostruktur an ausgewählten Würfeloberflächen können Rückschlüsse auf die Beeinflussung der Materialoberfläche gezogen werden. Aus den Untersuchungen in diesem Kapitel wird eine geeignete Bearbeitungsdauer für die nachfolgenden Untersuchungen abgeleitet. In Kapitel 5.2 wird die grundsätzliche Geometrie des Materialabtrags an der Materialoberfläche bei der Einwirkung eines basischen Elektrolyts auf Aluminiumlegierungen im LPBF untersucht. Dazu wird mithilfe eines Lichtmikroskops das Einwirken des Elektrolyts auf die Materialoberfläche von Probekörpern aus der Aluminiumlegierung AlSi10Mg aufgenommen. Aus den Aufnahmen zu diskreten Zeitpunkten kann der zeitliche Materialabtrag sichtbar gemacht werden.

Um den Einfluss der nass-chemischen Behandlung auf die mechanischen Eigenschaften bei Aluminiumlegierungen unter dynamischer Beanspruchung zu ermitteln, werden in Kapitel 6 vergleichende Schwingfestigkeitsversuche mit un- und nass-chemisch behandelten Probekörpern unter Zug-Druck-Beanspruchung durchgeführt.

Für die Adaption des Stützendesigns auf die nass-chemische Stützenentfernung werden in Kapitel 7 zunächst die Anforderungen an das Stützendesign festgelegt. Aus den Anforderungen werden für verschiedene Bauteilbereiche mögliche Designansätze für Stützen hergeleitet. Im Rahmen von Pulver- und Stützenentfernungsversuchen sowie Versuchen zur Maßhaltigkeit werden die entwickelten Stützendesigns an Probekörpern (Quader, Twincantilever, Rohrsegment und Rohrbügel) aus der Aluminiumlegierung AlSi10Mg getestet. Potenziell geeignete Varianten werden in Abhängigkeit der Probekörperabmessungen für die verschiedenen Bauteilbereiche (außenliegend, innenliegend) abgeleitet. Weiterhin werden Experimente zur Entwicklung von Volumenstützen durchgeführt. Die Volumenstützen sollen ähnlich schnell wie SdT-Vektorstützen auflösbar sein und dabei mindestens die Belastbarkeit von SdT-Volumenstützen aufweisen. Zusätzlich wird geprüft, ob sich die entwickelten porösen Volumenstützen ohne weitere Anpassung auf weitere Aluminiumlegierungen (AlSi9Cu3, AlSi12) übertragen lassen.

In Kapitel 8 wird zunächst der Einfluss des Stützendesigns bei der nass-chemischen Stützenentfernung auf die Maßhaltigkeit kleiner Geometriemerkmale (Gitter, Streben, Wände) an exemplarischen Probekörpern aus der Aluminiumlegierung AlSi10Mg untersucht. Mithilfe der Ergebnisse wird die untere Grenze zur maßhaltigen Abbildung kleiner Geometriemerkmale abgeschätzt. Die Ergebnisse aus den Grundlagenuntersuchungen werden abschließend auf ein anwendungsnahes komplexes Demonstratorbauteil übertragen. Am Beispiel eines Topologieoptimierten Radträgermodells aus der Aluminiumlegierung AlSi10Mg im Maßstab 1:2 wird das neue Stützendesign hinsichtlich der Pulver-, Stützenentfernungs- und Maßhaltigkeitseigenschaften mit dem Stützendesign nach dem Stand der Forschung und Technik verglichen. Zusätzlich wird die Effizienz des neu entwickelten Stützendesigns in Bezug auf die Fertigungszeit (Belichtungszeit) und die Bearbeitungsdauer zur nass-chemischen Stützenentfernung ermittelt.

4 Material und Methoden

Im Folgenden werden die verwendeten Materialien und angewandten Methoden vorgestellt. Sofern nicht explizit anders erwähnt, werden alle Experimente in dieser Arbeit nach den folgenden Methoden durchgeführt.

4.1 Rohmaterialien

Für die Untersuchungen in dieser Arbeit werden die drei im LPBF weit verbreiteten Aluminiumgusslegierungen AlSi10Mg, AlSi9Cu3 und AlSi12 verwendet. AlSi10Mg gehört zu den ausscheidungshärtbaren Aluminiumgusslegierungen, die Einsatz im Sand- und Kokillengussverfahren finden Durch das Zulegieren von Magnesium (Mg) wird die Bildung von Ausscheidungen (Mg_2Si) möglich. Mithilfe von Alterungsbehandlungen (bspw. T6-Behandlung, s. Bild 86), wie auch durch die natürliche Alterung kann durch die Ausscheidung eine Festigkeitssteigerung herbeigeführt werden. AlSi9Cu3 zählt zu den meist verwendeten Aluminiumgusslegierungen im Druckgussverfahren. Weiterhin findet die Aluminiumlegierung auch Anwendung im Niederdruckkokillengussverfahren. Wärmebehandlungen werden in der Regel gar nicht oder nur zur thermischen Stabilisierung durchgeführt, da der Cu-Gehalt in Verbindung mit Mg eine Selbstaushärtung bewirkt. AlSi12 wird als Aluminiumgusslegierung vorwiegend im Sand-, Kokillen- und Feingussverfahren eingesetzt. In Tabelle 6 sind weitere Informationen zur chemischen Zusammensetzung, den mechanischen Eigenschaften, der Korrosionsbeständigkeit und Anwendungsgebieten nach DIN EN 1706 zu den Aluminiumlegierungen aufgeführt. Im Anhang in Bild 81 findet sich ergänzend das Phasendiagramm für das binäre System Aluminium-Silizium.

Legierung	Chemische Zusammensetzung [Gew.-%]												Mechanische Eigenschaften nach DIN EN 1706[1]			Korrosionsbeständigkeit nach DIN EN 1706	Anwendungsgebiete
	Si	Fe	Cu	Mn	Mg	Cr	Ni	Zn	Pb	Sn	Ti	Al	R_m [MPa]	$R_{p0,2}$ [MPa]	A [%]		
AlSi10Mg	9,0 - 11,0	0,55	0,05	0,45	0,20 - 0,45	-	0,05	0,10	0,05	0,05	0,15	Rest	150[2]	80	2	gut bis mittelmäßig	Sand-, Kokillenguss; Motorenbau, Karosseriebauteile, Maschinengehäuse
													220[3]	180	1		
AlSi9Cu3	8,0 - 11,0	1,3	2,0 - 4,0	0,55	0,05 - 0,55	0,15	0,55	1,2	0,29	0,15	0,25		240[2]	140	<1	gering	Druck-, Niederdruckkokillenguss; Motorenbau, Karosseriebauteile, Maschinengehäuse
													240[4]	165	<1		
AlSi12	10,5 - 13,5	0,65	0,15	0,55	0,10	-	0,10	0,15	0,10	-	0,20		150	70	4	gut bis mittelmäßig	Sand-, Kokillen- & Feinguss; Dünnwandige Teile, Gerätegehäuse, Karosserieteile, Motorenblöcke

Tabelle 6: Chemische Zusammensetzung, Mechanische Eigenschaften, Korrosionsbeständigkeit und Anwendungsgebiete der untersuchten Aluminiumlegierungen ([1]für Sand-/ Druckguss, [2]Fertigungszustand, [3]T6-Behandlung, [4]T5-Behandlung)

Die in dieser Arbeit verwendeten Pulverwerkstoffe aus den genannten Aluminiumlegierungen werden mittels Gasverdüsung [66] hergestellt und vom Hersteller ECKA Granules Germany GmbH [67] bezogen.

Vor der Verarbeitung der Pulverwerkstoffe mittels LPBF wird standardmäßig eine Pulvereingangskontrolle durchgeführt. Dazu werden jeweils die Partikelgrößenverteilung und die chemische Zusammensetzung gemessen und mit den Soll-Spezifikationen verglichen. Zur Bestimmung der Partikelmorphologie werden zusätzlich REM-Aufnahmen von den Pulverpartikeln erstellt. Die Messung der Partikelgrößenverteilung erfolgt mithilfe des Partikelmessgeräts Camsizer X2 vom Hersteller Microtrac Retsch GmbH. Die chemische Analyse erfolgt mittels Gravimetrie, optischer Emissionsspektroskopie und Trägergas-Heißextraktion. Die Ergebnisse der Messungen zur Partikelgrößenverteilung und chemischen Zusammensetzung sind in Tabelle 7 tabellarisch aufgeführt.

Legierung	Partikelgrößenverteilung [µm]			Chemische Zusammensetzung [Gew.-%]				[mg/kg]		
	D_{10}	D_{50}	D_{90}	*Al*	*Si*	*Mg*	*Cu*	*N*	*H*	*O*
AlSi10Mg	25,0	38,4	59,1	Rest	10,3	0,4	<0,01	18	27	1170
AlSi9Cu3	30,8	51,2	72,9	Rest	9,4	0,07	3,0	<10	31	1819
AlSi12	24,9	38,9	59,6	Rest	11,9	0,02	0,06	<10	21	1073

Tabelle 7: Partikelgrößenverteilung und chemische Zusammensetzungen der verwendeten Aluminiumpulverwerkstoffe (Soll-Spezifikation der Partikelgrößenverteilung: 20 – 63 µm)

Die chemischen Zusammensetzungen und Partikelgrößenverteilungen entsprechen in guter Näherung der Soll-Spezifikation (s. Tabelle 6 und Tabelle 7). In Bild 8 sind REM-Aufnahmen der Pulverpartikel in 400-facher Vergrößerung von den drei Aluminiumpulverwerkstoffen dargestellt.

Bild 8: REM-Aufnahmen der verwendeten Aluminiumpulverwerkstoffe: a) AlSi10Mg, b) AlSi9Cu3, c) AlSi12

Neben sphärischen Partikeln sind vereinzelt leicht verschmolzene länglich gezogene Partikel erkennbar. Die Pulverwerkstoffe weisen die für die Verdüsungsart und Werkstoffklasse aus der Literatur bekannten Partikelmorphologien auf (vgl. [9]).

4.2 LPBF-Anlage und Fertigung

Das selektive Laserstrahlschmelzen (engl. Laser Powder Bed Fusion – LPBF [68]) ist ein Pulverbett basiertes additives Fertigungsverfahren, welches maßgeblich durch das Fraunhofer-Institut für Lasertechnik ILT Mitte der 1990er Jahre entwickelt wurde [10]. Zur Fertigung eines Bauteils im LPBF Verfahren wird zunächst ein 3D-CAD-Modell des zu fertigenden Bauteils mittels eines Aufbereitungsprogramms im virtuellen Bauraum oberhalb der Substratplatte platziert, mit Stützen versehen und in Schichten zerlegt. Nach der Baujobvorbereitung wird das Bauteil schichtweise in einem repetierenden Ablauf gefertigt. Dazu wird im ersten Schritt zunächst mittels einer Pulverauftragseinheit eine wenige Mikrometer dicke Pulverschicht auf die Substratplatte aufgetragen. Im nachfolgenden Schritt wird mithilfe eines Laserstrahls das Pulvermaterial lokal gemäß der 3D-CAD-Modellgeometrie vollständig umgeschmolzen. Dadurch entsteht sowohl in der jeweiligen

Schicht zwischen den einzelnen Schmelzspuren als auch zu den darunter liegenden Schichten eine stoffschlüssige Verbindung. Nach dem selektiven Aufschmelzen wird die Substratplatte abgesenkt und erneut eine Pulverschicht aufgetragen. Dieser Prozess wird solange wiederholt, bis das Bauteil vollständig gefertigt ist. In der Baujobnachbereitung erfolgen je nach Anwendungsfall weitere Fertigungsschritte, wie bspw. die Pulverentfernung, Wärmebehandlungen, die Bauteilseparation, die Stützenentfernung und die Bauteilendbearbeitung. In Bild 9 ist schematisch das Verfahrensprinzip sowie die in der Arbeit verwendete LPBF-Anlage SLM Solutions 280 HL des Herstellers SLM Solutions Group AG dargestellt.

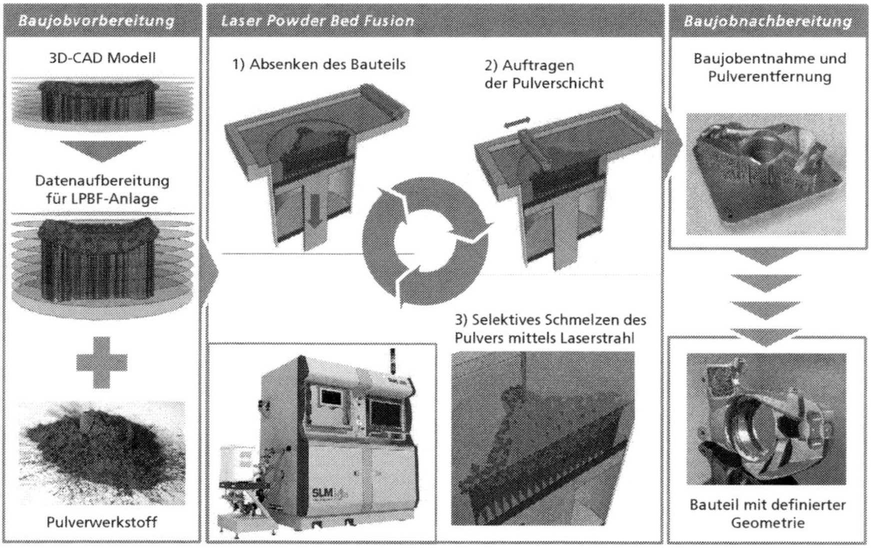

Bild 9: Verfahrensprinzip beim Laser Powder Bed Fusion und verwendete LPBF-Anlage SLM 280HL des Herstellers SLM Solutions Group AG (Mitte, unten) [69]

Beim LPBF können diverse Prozessparameter eingestellt werden, die Einfluss auf die Materialdichte und das Materialgefüge haben. Neben der Materialdichte und dem Materialgefüge beeinflussen die LPBF-Prozessparameter auch die Fertigungszeit. Diese setzt sich aus der Belichtungs- und Beschichtungszeit zusammen. Die Belichtungszeit ist die Summe der Zeiten, in der je Schicht das Pulvermaterial mittels des Laserstrahls selektiv aufgeschmolzen wird. Die Beschichtungszeit ist die Summe der Zeiten, in der jeweils eine neue Pulverschicht auf die Substratplatte aufgetragen wird. Die wesentlichen LPBF-Prozessparameter sind in Bild 10 schematisch dargestellt. Der Einfluss dieser Parameter auf die Bauteilqualität werden beispielsweise in [9] detailliert beschrieben.

Bild 10: Schematische Darstellung wesentlicher LPBF-Prozessparameter

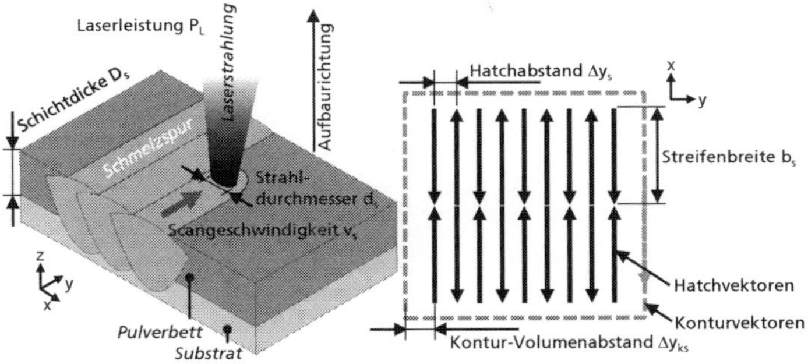

Zur Charakterisierung der Strahleigenschaften der beiden Laserstrahlen der verwendeten LPBF-Anlage und Ermittlung der gemittelten Strahldurchmesser (Spotdurchmesser) in der Fokusebene wird ein kamerabasiertes Strahlprofilmessgerät Spiricon des Herstellers Ophir Spiricon Europe GmbH [70] verwendet. In Bild 11 sind die Leistungsdichteverteilung in der Fokusebene und die Strahlkaustik der beiden optischen Systeme dargestellt.

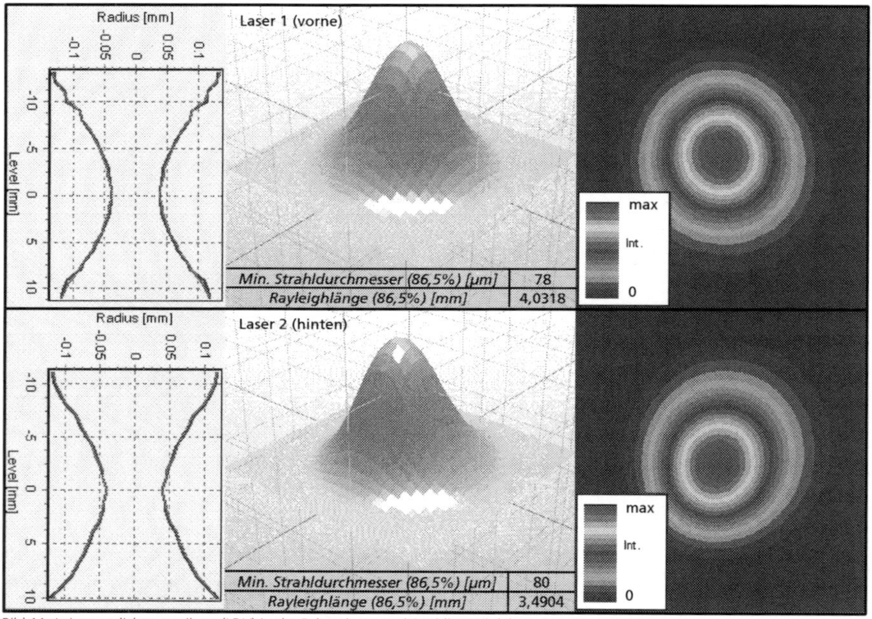

Bild 11: Leistungsdichteverteilung (LDV) in der Fokusebene und Strahlkaustik (oben: Laser 1; unten: Laser 2)

Beide Laserstrahlen weisen ein annähernd gaussförmiges Strahlprofil auf. Der Spotdurchmesser in der Fokusebene ist bei beiden Laserstrahlen in guter Näherung ca. d_s = 80 µm.

Sofern nicht explizit darauf hingewiesen, werden die in Tabelle 8 gezeigten material- und maschinenspezifischen LPBF-Prozessparameter verwendet.

Bereich	LPBF-Prozessparameter	Einheit	Bauteil	SdT-Vektorstützen	SdT-Volumenstützen
-	*Strahldurchmesser d_s*	[µm]	80		
-	*Schichtdicke D_s*	[µm]	30	90	90
Volumen	*Laserleistung P_L*	[W]	350	-	350
	Scangeschwindigkeit v_s	[mm/s]	1650	-	1650
	Hatchabstand Δy_s	[µm]	130	-	130
	Streifenbreite b_s	[mm]	10	-	10
Kontur	*Laserleistung P_L*	[W]	300	350	-
	Scangeschwindigkeit v_s	[mm/s]	730	1650	-
	Kontur-Volumenabstand Δy_{ks}	[µm]	200	-	-

Tabelle 8: Material- und maschinenspezifische LPBF-Prozessparameter für AlSi10Mg (ebenfalls AlSi9Cu3, AlSi12)

Mit den LPBF-Prozessparametern ist die Fertigung von Bauteilen mit einer relativen Bauteildichte von bis zu δ_{rel} = 99,8 % bei allen drei Aluminiumlegierungen möglich. Die Mikrostruktur der Aluminiumlegierungen im LPBF unterscheiden sich deutlich von der Mikrostruktur von den gegossenen Varianten. In Bild 12 sind Querschliffaufnahmen LPBF-gefertigter Probekörper (Würfel, 10x10x10 mm³) aus der Aluminiumlegierung AlSi10Mg in verschiedenen Wärmebehandlungszuständen dargestellt.

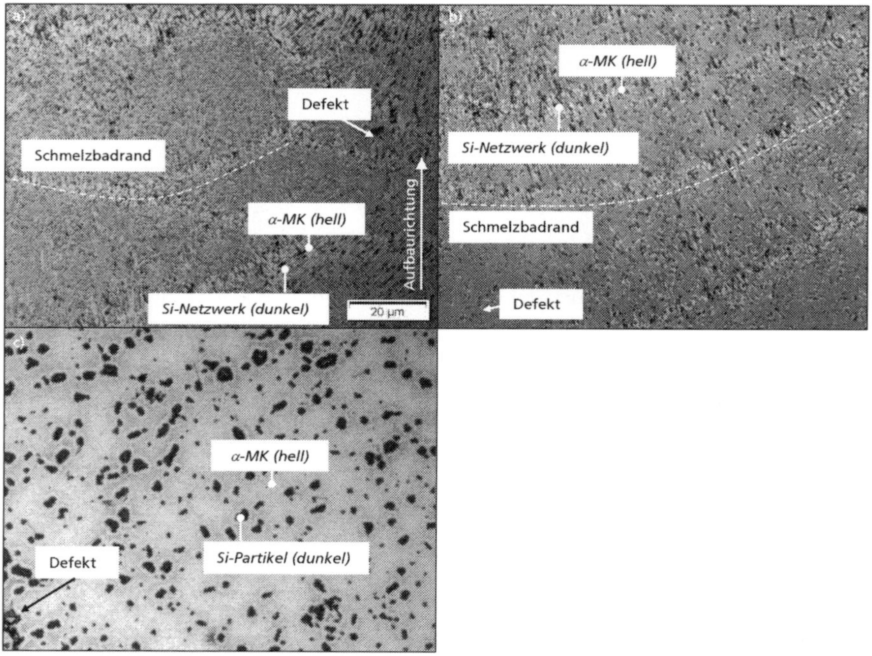

Bild 12: Querschliffaufnahmen LPBF-gefertigter Würfel aus der Aluminiumlegierung AlSi10Mg in verschiedenen Wärmebehandlungszuständen a) ohne WB; b) SAG; c) T6

Die Mikrostrukturen der nicht wärmebehandelten und spannungsarmgeglühten Probekörper weisen eine Mikrostruktur aus α-Mischkristall (α-MK, hell) mit umgebendem Netzwerk aus Silizium (Si, dunkel) auf (vgl. [9]) Das Silizium kristallisiert dabei zwischen den Dendriten und bildet ein Netzwerk aus eutektischem Silizium aus, welches an den Schmelzbadrändern größer und im Schmelzbad kleiner ist [9, 47, 71, 72]. Ursache hierfür sind die Erstarrungsbedingungen. Die Erstarrungsgeschwindigkeit nimmt vom Schmelzbadinneren zum Schmelzbadrand ab, wodurch die Körner an den Schmelzbadrändern länger wachsen können. Bei der T6-Behandlung (vgl. Bild 86) bilden sich aus dem Silizium-Netzwerk und dem Silizium aus der α-Mischkristallphase Siliziumkristalle aus. Diese sind in Bild 12 als dunkle Punkte über die gesamte Querschliffaufnahme erkennbar. Zusätzlich entsteht bei der T6-Behandlung eine intermetallische Sekundärphase aus dem festigkeitssteigernden Magnesiumsilicid (Mg_2Si) [9].

Die Mikrostrukturen der Aluminiumlegierungen AlSi9Cu3 und AlSi12 weisen ebenfalls eine α-Mischkristallphase mit umgebendem Netzwerk aus Silizium auf, welches an den Schmelzbadrändern größer ist. (s. Bild 13. Bei der Aluminiumlegierung AlSi9Cu3 scheidet sich im LPBF zudem die Sekundärphase aus Kupferaluminid (Al_2Cu) aus [72].

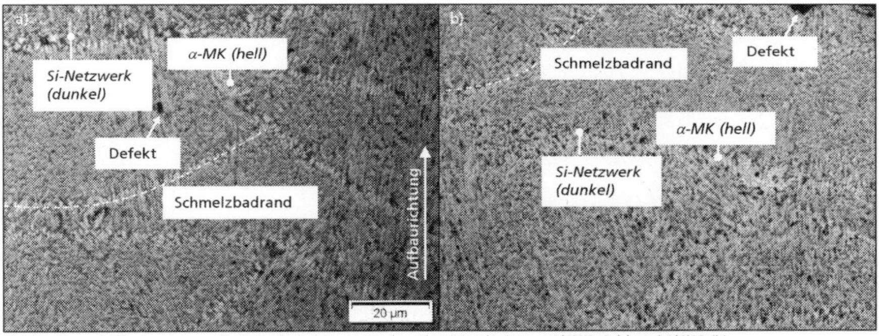

Bild 13: Querschliffaufnahmen gefertigter Probekörper aus den Aluminiumlegierung AlSi9Cu3 (a) und AlSi12 (b)

In Bild 14 sind REM-Aufnahmen der Würfeloberflächen parallel zur Aufbaurichtung aus den Aluminiumlegierungen AlSi10Mg, AlSi9Cu3 und AlSi12 dargestellt.

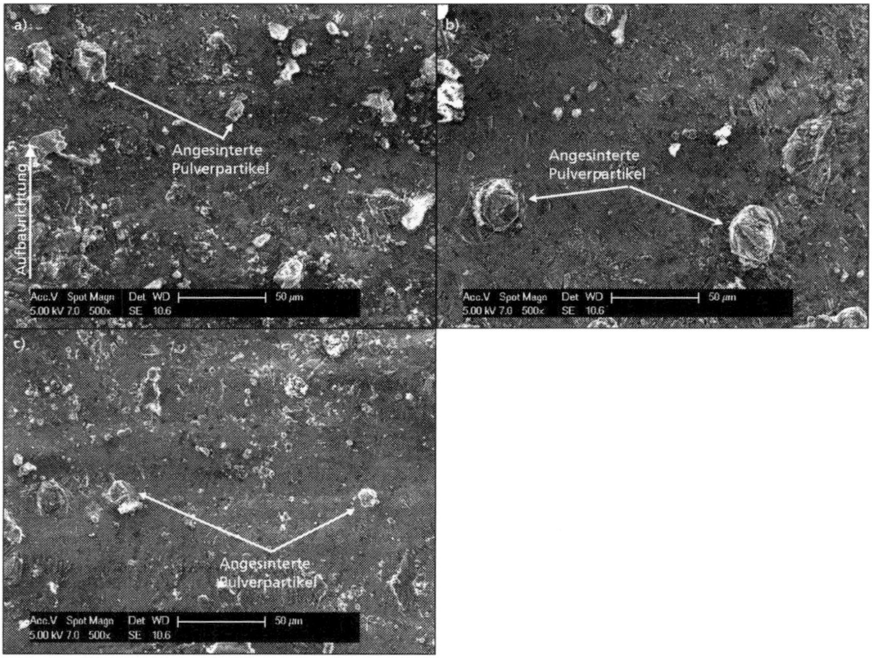

Bild 14: REM-Aufnahmen von Würfeloberflächen parallel zur Aufbaurichtung aus den Aluminiumlegierungen AlSi10Mg (a); AlSi9Cu3 (b); AlSi12 (c)

Die LPBF-gefertigten Materialoberflächen von allen drei Aluminiumlegierungen weisen die für das LPBF-Fertigungsverfahren üblichen angesinterten Pulverpartikel auf.

Für verschiedene Experimente im Verlauf dieser Arbeit ist die Kenntnis über die minimale Wandstärke relevant, die mit der verwendeten LPBF-Anlage und dem Material erreicht werden können. Die kleinste realisierbare Wandstärke im LPBF entspricht der Dicke einer aus Einzelschmelzspuren aufgebauten Wand (im Folgenden „Einzelspurwand" genannt), daher wird neben den Probekörpern für die verschiedenen Experimente eine repräsentative Einzelspurwand bestehend aus übereinanderliegenden Einzelschmelzspuren gefertigt und metallografisch gemäß Kapitel 4.5.1 im Querschliff vermessen. Für den Werkstoff AlSi10Mg und die verwendete LPBF-Anlage ergeben sich Schmelzspurbreiten von ca. $d_{Schmelz} = 250\ \mu m$.

Damit die gefertigten Probekörper in den Experimenten einzeln untersucht werden können und diese einfacher handhabbar sind, wird eine spezielle Substratplatte konstruiert und gefertigt. Die Substratplatte weist eine Vorrichtung auf, mit der mehrere kleinere Substratplatten eingespannt werden können. Auf diese Substratplatten können die jeweiligen Probekörpervarianten aufgebaut und im Experiment einzeln untersucht werden. In Bild 15 sind die verwendete Substratplatte und die kleineren Substratplatten illustriert.

Bild 15: Substratplatte mit Vorrichtung zur Aufnahme mehrerer kleinerer Substratplatten

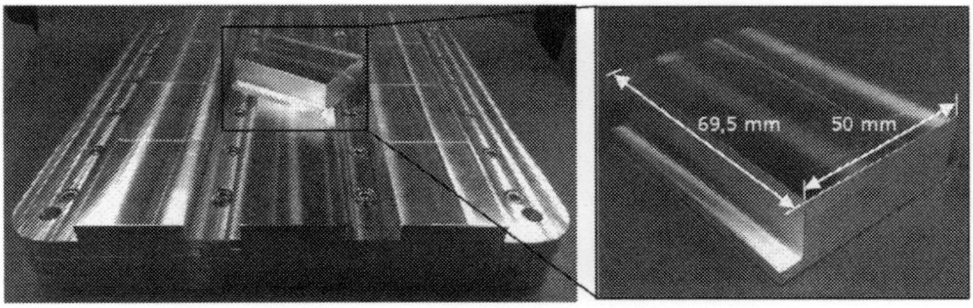

4.3 Pulverentfernung

Nach dem LPBF-Prozess müssen die gefertigten Bauteile von Pulver befreit werden (Pulverentfernung oder Entpulverung), um nachfolgende Prozessschritte, wie bspw. Wärmebehandlungen, Stützenentfernung oder Endbearbeitung, durchführen zu können. In der Regel geschieht dies in zwei Schritten. Im ersten Schritt wird ein Großteil des Pulvers bei der Baujobentnahme aus der LPBF-Anlage entfernt. Hierzu stehen je nach LPBF-Anlagenhersteller verschiedene Systeme zu Verfügung. Neben der manuellen Entpulverung, bei der das Pulver beim Anheben der Substratplatte händisch mittels Bürste und Schaufel in den Überlauf befördert wird, gibt es weitere verschiedene Verfahrensprinzipien. Beim Wechselzylinderprinzip kann der Bauzylinder mit den gefertigten Komponenten und dem Pulver vollständig und hermetisch abgeriegelt aus der LPBF-Anlage entnommen werden [73]. Mithilfe einer Wendevorrichtung wird im Folgeschritt der überwiegende Teil des Pulvers mithilfe einer Schwenkbewegung unter Nutzung der Schwerkraft von den gefertigten Komponenten getrennt und in den Pulverkreislauf zurückgeführt. Eine weitere Methode zur Entpulverung basiert auf dem Wirkprinzip des Absaugens. Mittels einer Sauglanze, die sich in der LPBF-Anlage oder an einem Peripheriegerät befindet, wird das Pulver aus dem Bauzylinder entfernt und wieder in den Pulverkreislauf zurückgeführt [74]. Die Absaugung erfolgt händisch oder automatisiert.

Bei allen zuvor genannten Wirkprinzipien verbleibt in der Regel ein Restanteil an Pulver (Restpulver) an den gefertigten Komponenten. Insbesondere an schwer zugänglichen Stellen (wie bspw. innenliegende Kühlkanäle) oder in den Zwischenräumen von Stützen befindet sich nach der Baujobentnahme und ersten

Entpulverung meist noch Restpulver, das die Durchführung weiterer Prozessschritte behindert. Um den Restpulveranteil zu verkleinern und damit die Verschleppung des Pulvers zwischen den Stationen der einzelnen Prozessschritte so gering, wie möglich zu halten, wird in einem zweiten Schritt das Restpulver mittels Peripheriegeräte nahezu vollständig entfernt. Eine im Wesentlichen auf dem Wirkprinzip der Schwenkbewegung und Vibrations- bzw. Ultraschallanregung basierende Entpulverungsanlage ist in Bild 16 beispielhaft dargestellt.

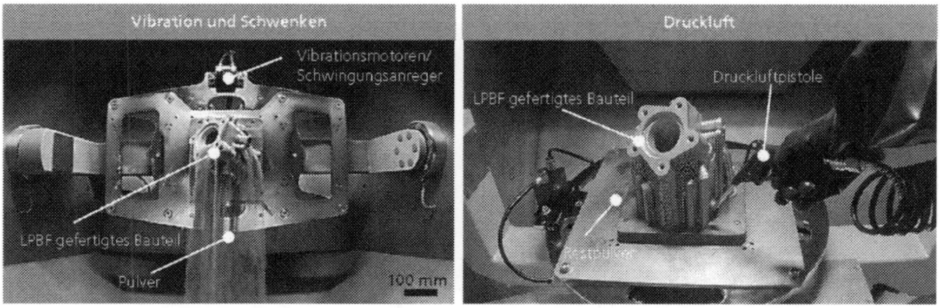

Bild 16: Innenansicht der teilautomatisierten Entpulverungsanlage SFM-AT800 des Herstellers Solukon Maschinenbau GmbH [75]

Für die experimentellen Untersuchungen in dieser Arbeit werden diese Methoden im Labormaßstab nachgebildet. In Bild 17 ist der Entpulverungsprüfstand zur Ermittlung der Entpulverungseigenschaften der verschiedenen Stützen dargestellt.

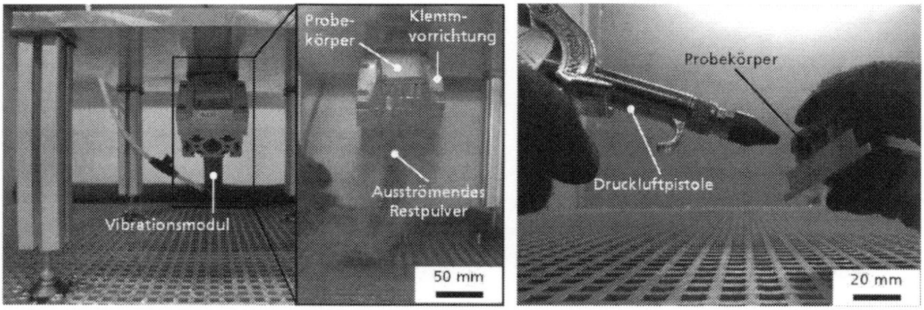

Bild 17: Darstellung des Entpulverungsprüfstands (links: via Vibrationsmodul; rechts: via Druckluftpistole)

Mithilfe einer Klemmvorrichtung werden die Probekörper in den Entpulverungsprüfstand unter einem Neigungswinkel von 45 Grad zur Schwerkraftrichtung eingespannt. Die schräge Einspannung bewirkt eine möglichst günstige Orientierung für die Entpulverung.

Die Entpulverungsversuche werden für jeden Probekörper gemäß des in Bild 18 abgebildeten schematischen Ablaufs durchgeführt.

Bild 18: Schematischer Ablauf der Entpulverungs-versuche

Baujobentnahme	Vibrationsanregung	Druckluftreinigung	Ultraschallreinigung
Grobe manuelle Entfernung mittels Bürste (Bruttogewicht)	Entfernung mittels Vibration	Entfernung mittels Druckluft	Vollständige Entfernung des Restpulvers (Nettogewicht)

Für die Bestimmung der Restpulvermengen nach jedem Entpulverungsschritt wird das Nettogewicht der Probekörper als Relationswert verwendet. Die Bearbeitungsdauern für die jeweiligen Entpulverungsschritten werden an entsprechender Stelle genannt.

4.4 Metallätzen

Beim Metallätzen erfolgt das „Abtragen durch Einwirkung einer elektrolytischen Ätzlösung ohne äußere Stromquelle und mit örtlicher Elementbildung" [7]. Die in der Arbeit untersuchten Aluminiumlegierungen bestehen zu mind. 88 Gew.-% aus Aluminium (Al) (s. Tabelle 6). Um einen Materialabtrag bei den Aluminiumlegierungen herbeizuführen, ist demnach das Aluminium der relevante Reaktionspartner bei der chemischen Reaktion. Aluminium bildet unter natürlichen Bedingungen (Luft, Wasser) eine passivierende Aluminiumoxidschicht, welche die Oxidation des Aluminiums verhindert (s. Bild 20, a)). Um das Aluminium chemisch aufzulösen, muss zunächst die Passivierungsschicht entfernt werden. Die passivierende Aluminiumoxidschicht ist amphoter und kann daher sowohl mit sauren als auch basischen Medien in wässriger Lösung (Elektrolyt) oxidiert werden. In Bild 19 ist die Metallabtragsrate von Aluminiumoxid für verschiedene Elektrolyte (Säuren, Basen) und pH-Werte dargestellt.

Bild 19: Beständigkeit der Aluminiumoxidschicht gegenüber Säuren und Basen bei unterschiedlichen pH-Werten nach [66]

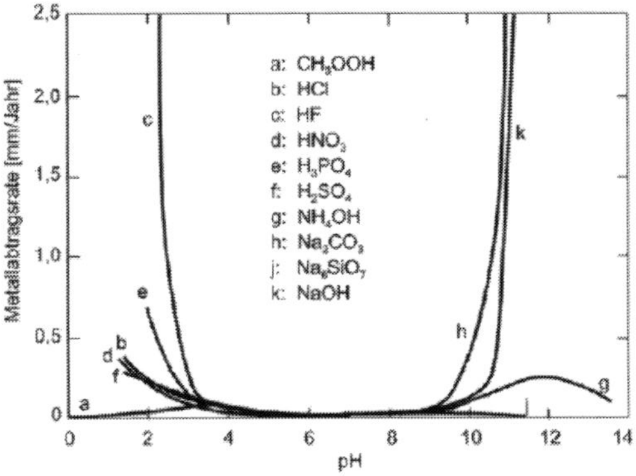

Die Löslichkeit von Aluminiumoxid ist besonders im sauren (kleiner pH-Wert) als auch im basischen Bereich (großer pH-Wert) hoch. Im Hinblick auf eine spätere industrielle Anwendung der nass-chemischen Stützenentfernung und unter ökologischen Gesichtspunkten wird für die Untersuchungen in dieser Arbeit ein möglichst wenig gesundheitsgefährdendes Elektrolyt ausgewählt. Natriumhydroxid (NaOH), in wässriger Lösung Natronlauge, weist oberhalb eines pH-Werts von ca. 11 eine große Metallabtragsrate auf und findet breite Anwendung in der Industrie, wie beispielsweise in der Brauindustrie zur Trinkflaschenreinigung [76] oder zur Vorbehandlung beim Eloxieren [77]. Für die Versuche in dieser Arbeit soll eine konzentrierte 30 Gew.-% Natronlauge verwendet werden. Um ein Überkochen des Elektrolyts zu vermeiden, werden die Versuche weit unterhalb der Siedetemperatur des Elektrolyts bei der Starttemperatur T = 50°C durchgeführt. Weiterführende Untersuchungen zum Einfluss verschiedener Elektrolytkonzentrationen und –starttemperaturen auf den zeitlichen Masseabtrag und die Rauheit finden sich in [78]. In Tabelle 2 sind einige Informationen zum verwendeten Elektrolyt tabellarisch aufgeführt. Im Anhang A4 sind darüber hinaus weiterführende Informationen zur Einwirkung von Natronlauge auf LPBF-Probekörpern aus der Aluminiumlegierung AlSi10Mg aus Vorstudien aufgeführt.

Tabelle 9: Chemische und physikalische Eigenschaften 30 Gew.-% Natronlauge & Starttemperatur

Elektrolyt	*Massenanteil ω [Gew.-%]*	*Dichte bei 20°C ρ [g/mL]*	*Massenkonzentration β [g/L]*	*Stoffmengenkonzentration c [mol/L]*	*pH-Wert*	*Siedetemperatur [°C]*	*Starttemperatur [°C]*
Natronlauge (NaOH)	30	1,328	398,4	9,9607	15	119	50

Beim Metallätzen laufen vorwiegend elektrochemische Prozesse ab, welche in Bild 20 schematisch dargestellt sind.

Bild 20: Schema des Materialabtrags beim Metallätzen von Aluminium

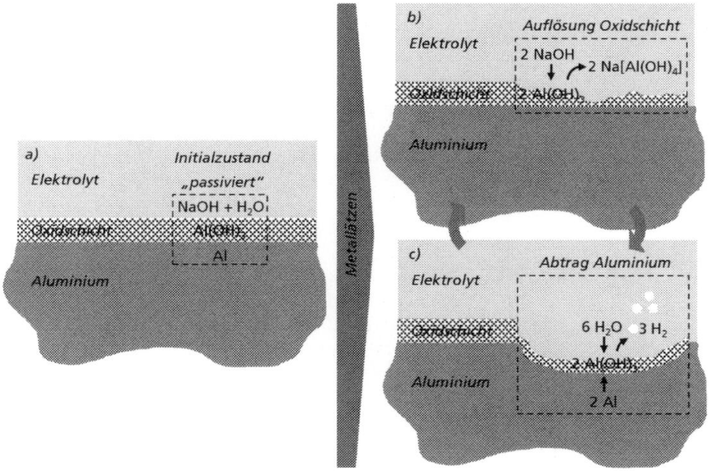

In Formel 4.1 sind die entsprechenden chemischen Teilreaktionen bei der Einwirkung von Natronlauge (NaOH) auf Aluminium (Al) wiedergegeben.

4.1 Initialzustand („passiviert") a): $3\ H_2O + Al_2O_3 \rightarrow 2\ Al(OH)_3$

Teilreaktion b): $2\ Al(OH)_3 + 2\ NaOH \rightarrow 2\ Na[Al(OH)_4]$ (Lösen)

Teilreaktion c): $2\ Al + 6\ H_2O \rightarrow 2\ Al(OH)_3 + 3\ H_2$ (Redox)

Gesamtreaktion: $2\ Al + 2\ NaOH + 6\ H_2O \rightarrow 2\ Na[Al(OH)_4] + 3\ H_2$

Prinzipiell wird das Aluminium (Al) durch Abgabe von Elektronen oxidiert und der Wasserstoff durch Aufnahme von Elektronen reduziert. Im Detail verbindet sich die Aluminiumoxidschicht (Al_2O_3) mit dem Wasser (H_2O) im Elektrolyt zu Aluminiumhydroxid ($Al(OH)_3$). Mithilfe der Natronlauge wird diese schwerlösliche Aluminiumhydroxidschicht unter Bildung des Komplexes Natriumaluminat $Na[Al(OH)_4]$ aufgelöst (Teilreaktion a)). Durch die nun entfernte Passivierungsschicht reagiert in einer Redox-Reaktion das Wasser (H_2O) mit dem freigelegten Aluminium (Al) unter Bildung von Aluminiumhydroxid ($Al(OH)_3$) und Wasserstoff (H_2) (Teilreaktion b)). Die beiden alternierenden Reaktionen wiederholen sich so lange bis die Reaktion gestoppt wird (bspw. Neutralisieren in Wasser) oder die Temperatur bzw. Stoffmengenkonzentration im Elektrolyten eine weitere Reaktion verhindern.

Neben dem Aluminium (Al) sind in den verwendeten Aluminiumlegierungen weitere Legierungselemente (Silizium (Si), Kupfer (Cu) und Magnesium (Mg), s. Tabelle 6) enthalten. Je nach Wärmebehandlungszustand (s. Kapitel 4.2) liegen die Legierungselemente beim LPBF im α-Mischkristall gelöst oder in Form heterogener Gefügeelemente (z.B. Silizium-Netzwerk, kristalline Siliziumpartikel, Magnesiumsilicid (Mg_2Si), Kupferaluminid (Al_2Cu)) vor. Die heterogenen Gefügeelemente können das chemische Verhalten je nach Art, gelöster Menge, ausgeschiedener Phase und Verteilung im Gefüge auf unterschiedliche Weise beeinflussen. Sind die heterogenen Gefügeelemente elektropositiver als die α-Mischkristallphase kann neben der anodischen Auflösung des Aluminiums eine kathodische Teilreaktion mit dem edleren Gefügeelement eintreten (Reduktionsschritt). Dadurch wird das edlere Gefügeelement reduziert und verbleibt bei der Einwirkung des Elektrolyts an der Materialoberfläche [52, 66, 77]. Im Anhang in Tabelle 12 sind die elektrochemischen Potentialwerte von Aluminium, sowie einiger Legierungselemente und intermetallischer Phasen der untersuchten Aluminiumlegierungen aufgelistet.

Das in dieser Arbeit angewendete Schema zur nass-chemischen Stützenentfernung besteht im Wesentlichen aus vier Schritten. Im ersten Schritt werden die zu behandelnden Bauteile geätzt. Zur Unterbrechung der chemischen Reaktion werden die Bauteile im nächsten Schritt unter fließendem Wasser neutralisiert. Zur Entfernung von verbliebenen Reaktionsprodukten werden die Bauteile mittels Ultraschall in einer leicht sauren Ultraschallreinigungslösung (Tickopur TR2, [79]) dekapiert und anschließend nochmal unter fließendem Wasser gereinigt. In Bild 21 ist das prinzipielle Schema zur nass-chemischen Behandlung der Probekörper dargestellt.

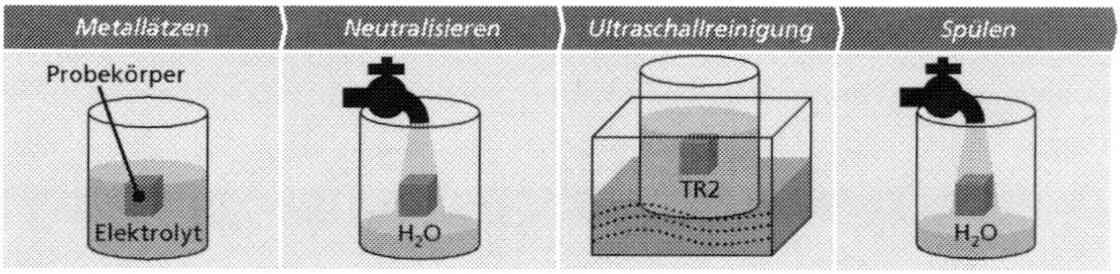

Bild 21. Schema zur nass-chemischen Behandlung der Probekörper

Sämtliche Entstützungsversuche basieren auf dem gleichen Schema. Je nach Untersuchung variieren die Elektrolytmenge, Bearbeitungsdauer und die Probekörperhandhabung. Bei den Würfeluntersuchungen in Kapitel 5.1 werden die jeweiligen Würfel in eine Elektrolytresistente Federklemme zwischen Gummiplättchen eingespannt (s. Bild 84). Die Gummiplättchen sollen den Materialabtrag an den zuvor gefrästen Flächen (s. Bild 26). Verhindern, damit bei allen Würfeln eine gleich große Materialoberfläche behandelt wird. Für jeden Versuch werden zur statistischen Absicherung drei Würfel gleichzeitig in das Elektrolyt eingetaucht und unbenutztes Elektrolyt verwendet. Bei den Entstützungsversuchen werden die Probekörper jeweils an einer Kordel in das Elektrolyt eingetaucht (s. Bild 85).

Die Elektrolyttemperatur wird mithilfe eines Thermoelements überwacht. Bei allen Versuchen wird die Bearbeitungsdauer dokumentiert. Je nach Versuch werden die nass-chemische Behandlung entweder nach einer definierten Zeit unterbrochen oder wenn ein bestimmtes Bearbeitungsergebnis erreicht ist. Die Elektrolytmengen variieren je nach Probekörpergeometrie und werden an entsprechender Stelle genannt.

4.5 Prüfmethoden

An dieser Stelle werden die verwendeten Prüfmethoden vorgestellt, die mehrfach bzw. in unterschiedlichen Kapiteln verwendet werden. Versuchsspezifische Methoden werden im Rahmen der Ergebniskapitel an entsprechender Stelle vorgestellt.

4.5.1 Metallografie

An verschiedenen Stellen in dieser Arbeit werden metallografische Untersuchungen zur Bestimmung der Materialporosität und Abmessungen von Einzelspurwänden durchgeführt. Für die Ermittlung des Zusammenhangs zwischen den LPBF-Prozessparametern (Schichtdicke D_s, Hatchabstand Δy_s) und der Materialporosität werden in den Untersuchungen zum mikroskopischen Stützendesign die Materialporositäten bestimmt. Dazu werden die Probekörper etwa mittig parallel zur Aufbaurichtung aufgetrennt, eingebettet, geschliffen und poliert. Mithilfe der polierten Querschliffe wird die Materialdichte lichtmikroskopisch bestimmt. Dazu werden die Lichtmikroskopaufnahmen (light optical micrograph, LOM) farblich binarisiert. Gemäß eines festgelegten Schwellwerts entsprechen schwarze Flächen Defekten und weiße Flächen Vollmaterial. Der Anteil der schwarzen Fläche an der gesamten gemessenen Fläche entspricht der Materialporosität. Der Schwellwert wird initial anhand eines Beispielquerschliffes manuell eingestellt und für die Versuche konstant gehalten. Die Bestimmung der Materialporosität erfolgt in der Bildverarbeitungssoftware Stream Motion (Version 2.3.2). Alle Messungen werden bei einer 100x Vergrößerung und derselben Bildausschnittsgröße durchgeführt. Zur statistischen Absicherung werden jeweils drei Probekörper an fünf nicht überlappenden Messstellen gemessen und die Messwerte gemittelt. Um den Einfluss der Oberflächenrauheit auf das Ergebnis zu verkleinern, wird die reale Querschnittsfläche des Probekörpers (Region of Interest – ROI, s. Bild 22) als Bezugsfläche herangezogen. Das verwendete Lichtmikroskop und ein Schema zum Vorgehen für die Bestimmung der Materialporosität ist in Bild 22 dargestellt.

Bild 22: Lichtmikroskop (Zeiss Discovery V20) und Schema zur Bestimmung der Materialporositäten

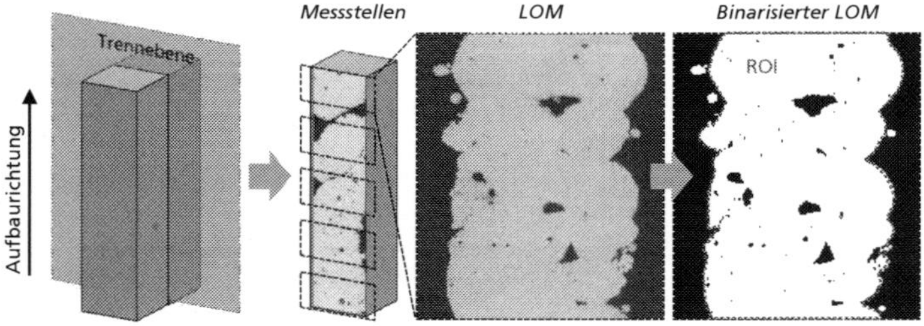

Neben der Bestimmung der Materialporosität werden in den Grundlagenuntersuchungen zum Materialabtrag die Abmessungen von Einzelspurwänden lichtmikroskopisch ermittelt. Dazu werden die Einzelspurwände nach demselben Schema, wie es hier beschrieben, metallografisch präpariert und mittels Lichtmikroskop untersucht. Zur Bestimmung der Einzelspurwanddicke werden die minimale und maximale Dicke senkrecht zur Einzelspurwand bestimmt und gemittelt (s. Bild 23).

Bild 23: Schema zur Bestimmung der Dicke von Einzelspurwänden mittels Querschliffanalyse

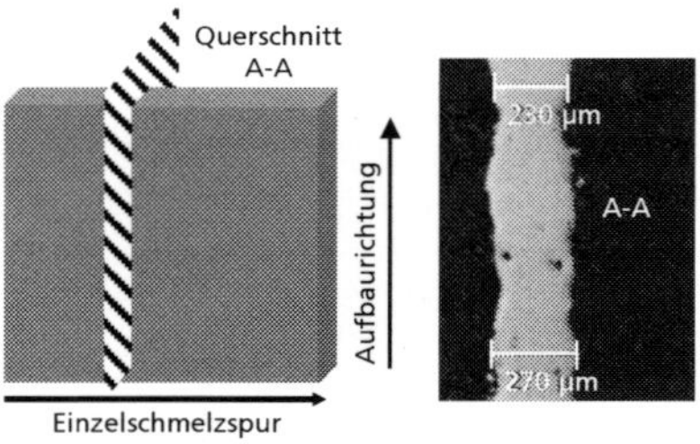

4.5.2 Rauheit

Für die Bestimmung des Einflusses der nass-chemischen Behandlung auf die Oberflächenqualität der in dieser Arbeit untersuchten Probekörper wird die Rauheit an verschiedenen Oberflächen gemessen. Zur Quantifizierung der Rauheit wird der flächenbezogene Rauheitsparameter Sa (arithmetischer Mittelwert) nach DIN EN ISO 25178 [80] mittels des optischen Rauheitsmessgeräts Alicona InfiniteFocus [81] ermittelt (s. Bild 24).

Bild 24:
Exemplarisches
Rauheitsprofil (Sa)

Der Flächenrauheitsparameter Sa beschreibt den Betrag des Höhenunterschieds jedes gemessenen Punktes im Vergleich zum arithmetischen Mittel der gemessenen Oberfläche. Vor der eigentlichen Messung der flächenbezogenen Rauheit Sa muss zunächst eine geeignete Grenzwellenlänge λ_c ermittelt werden. Dazu wird bei jedem Probekörper der linienbezogene Rauheitsparameter Ra gemessen und die entsprechende Grenzwellenlänge nach DIN EN ISO 4288 [82] festgelegt. Die verwendeten Messflächen und Anzahl an Messungen werden an entsprechender Stelle in den jeweiligen Untersuchungen erläutert.

4.5.3 Mechanische Eigenschaften

Für die Untersuchung des Einflusses der nass-chemischen Behandlung auf das dynamische Werkstoffverhalten werden repräsentativ Schwingfestigkeits-versuche auf einer Zwick Roell Prüfmaschine mit Hochfrequenzpulsator in Anlehnung an die DIN 50100 [83] durchgeführt. Als Beanspruchungsart wird eine Zug-Druck-Wechselbeanspruchung (Spannungsverhältnis R = -1) bei Raumtemperatur und einer Frequenz von f = 113-115 Hz gewählt. Die Versuche erfolgen nach dem Treppenstufenverfahren, d.h. Probekörper, die bis zum Dauerfestigkeitsbereich durchlaufen (d.h. Lastspielzahl $N > 2x10^6$, vgl. [84]), werden erneut mit einer größeren Lastamplitude belastet. Als erste Laststufe wird eine Amplitudenspannung von σ_A = 90 MPa angesetzt, um möglichst viele Laststufen mit der vorhandenen Probekörperanzahl abdecken zu können. Diese entspricht ungefähr der aus der Literatur entnommenen Ermüdungsgrenze von AlSi10Mg im LPBF bei ähnlichen Versuchsrandbedingungen (ca. σ_A = 80-110 MPa, [85]). Da das dynamische Werkstoffverhalten unter anderem durch die Probekörpergeometrie und –orientierung, sowie die verwendeten LPBF-Prozessparameter beeinflusst wird, sind die Literaturwerte nur begrenzt übertragbar. Vor jedem Versuch werden die tatsächlichen Durchmesser im Mittelteil jeder Schwingfestigkeitsprobe gemessen, um die wahre Querschnittsfläche zu bestimmen. Mithilfe der wahren Querschnittsfläche und der vorgegebenen Amplitudenspannung wird die aufzubringende Kraft für die Versuche abgeleitet.

4.5.4 Masseabtrag und Restpulvermenge

Bei verschiedenen Experimenten in dieser Arbeit werden gravimetrische Bewertungsgrößen herangezogen. Neben dem massebezogenen Materialabtrag (Masseabtrag) werden die Restpulvermengen von LPBF-gefertigten Probekörpern und Bauteilen bestimmt. Für die Bestimmung der Bewertungsgrößen werden die Probekörper mittels einer Präzisionswaage vom Typ Ohaus Pioneer [86] jeweils vor und nach jeder Behandlung im trockenen Zustand gewogen. Aus der Differenz der gemessenen Werte können der absolute Masseabtrag [g] nach der nass-chemischen Behandlung bzw. die absoluten Restpulvermengen [g] nach den jeweiligen Entpulverungsschritten bestimmt werden. Für die Bestimmung der relativen Werte werden die jeweiligen Größen ins Verhältnis zum Anfangszustand (unbehandelt, bzw. vollständig mit Pulver gefüllt) oder zum Endzustand (behandelt bzw. vollständig entpulvert) gesetzt. In Formel 4.2 ist die Berechnung des absoluten (m_{abs}) Masseabtrags bzw. Restpulvermengen erläutert.

4.2 Absoluter Masseabtrag bzw. Restpulvermenge:

$$\Delta m_{abs}\,[g] = (m_{t=0} - m_{t=t1})$$

$m_{t=0}$ = Probekörpermasse bzw. Restpulvermasse vor der Behandlung zum Zeitpunkt $t = 0$

$m_{t=t1}$ = Probekörpermasse bzw. Restpulvermasse nach der Behandlung zum Zeitpunkt $t = t1$

Aus dem absoluten (m_{abs}) Masseabtrag bzw. Restpulvermengen können nach Formel 4.3 entsprechend die relativen Masseabträge berechnet werden.

4.3 Relativer Masseabtrag bzw. Restpulvermenge:

$$\Delta m_{rel}\,[\%] = 100 \times \Delta m_{abs} / m_{t=0}$$

Δm_{abs} [g] = Absoluter Masseabtrag bzw. Restpulvermenge

$m_{t=0}$ = Probekörpermasse bzw. Restpulvermasse vor der Behandlung zum Zeitpunkt $t = 0$

Bei vollständiger Auflösung der Stützen beträgt der Masseabtrag folglich Δm_{rel} = 100 %. Bei vollständig entpulverten Probekörpern ist die Restpulvermenge entsprechend Δm_{rel} = 0 %. An verschiedenen Stellen in dieser Arbeit werden die relativen Restpulvermengen auf die theoretischen Gesamt-Restpulvermengen normiert. Die theoretischen Gesamt-Restpulvermengen werden aus dem Prüfvolumen abzüglich der theoretischen Stützenmassen berechnet. Das Prüfvolumen ist das theoretische Gesamtvolumen, in dem sich die Stützen befinden. Die theoretische Stützenmasse kann aus der theoretischen Gesamtfläche der Stützen aus den CAD-Daten mal der Dicke der Stützen ($d_{Schmelz}$ = 250 µm) hergeleitet werden.

4.5.5 Bauteilverzug und Querschnittsabweichung

In dieser Arbeit werden verschiedene flächenbezogene Bewertungsgrößen verwendet. Zur Quantifizierung der Maßhaltigkeit der Probekörper in Abhängigkeit des Stützendesigns werden repräsentativ der Bauteilverzug in Aufbaurichtung von gestützten Quadern bei den Untersuchungen zu außenliegenden Bauteilbereichen (s. Kapitel 7.3.1) und die Querschnittsabweichung von Rohrsegmenten bei den Untersuchungen zu innenliegenden Bauteilbereichen (s. Kapitel 7.3.2) benutzt. Der Verzug wird mittels 3D-Messgerät (ATOS Compact Scan 5M) nach dem Streifenlichtprojektionsprinzip ermittelt. Dazu werden die nass-chemisch entstützten Quader an der zuvor gestützten Oberfläche gemessen und die Abweichung zur Sollgeometrie (CAD-Modell) an vier Messpunkten bezogen auf den Mittelpunkt des Quaders bestimmt (s. Bild 25).

Bild 25: Messfelder zur Bestimmung des Verzugs in Aufbaurichtung und der Querschnittsabweichung

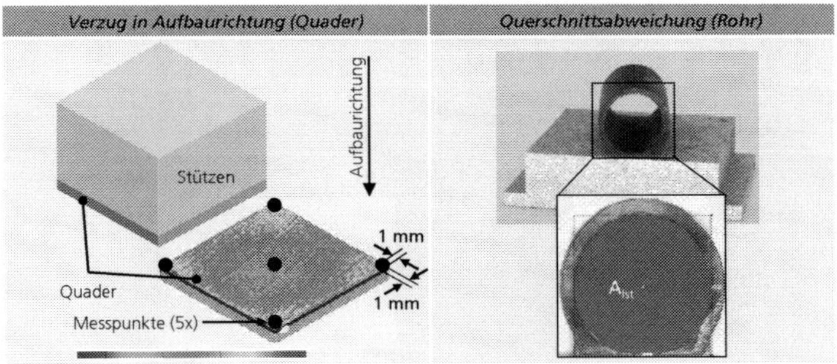

Die Messpunkte an den vier Eckpunkten liegen um jeweils einen Millimeter nach innen versetzt, um den Einfluss von Kantenverrundungen zu minimieren. Der Tiefenabtrag an den Radträgermodellen in Kapitel 8.2 erfolgt ebenfalls mittels 3D-Vermessung. Dazu werden die Radträgermodelle vor und nach der nass-chemischen Stützenentfernung vermessen und die erzeugten 3D-Modelle übereinandergelegt. Mithilfe des Vorher-Nachher-Vergleichs kann der absoluter Tiefenabtrag orthogonal zur Materialoberfläche bestimmt werden. Die Bestimmung der Materialstärken bei den Geometriemerkmalen erfolgt mittels Lichtmikroskop (Zeiss Discovery V20) in der Draufsicht der Probekörper an zufällig gewählten Stellen. Für die Bestimmung der relativen Querschnittsabweichung werden die in Kapitel 7.3.2 untersuchten Rohrsegmente zunächst gemäß Bild 25 mittels eines

Keyence Digitalmikroskops VHX-6000 [87] vermessen. Zur Berechnung der relativen Querschnittsabweichung wird das Verhältnis aus Ist- und Sollwert gebildet.

4.5.6 REM und EDX

In verschiedenen Experimenten in dieser Arbeit werden die Materialoberflächen von Probekörpern, die Bruchflächen von Schwingfestigkeitsproben sowie Pulverpartikel mittels Rasterelektronenmikroskopie (REM) untersucht. Des Weiteren werden in Kapitel 5.1 die chemische Zusammensetzung bzw. die Elementverteilung an der Materialoberfläche von Probekörpern mittels energiedispersiver Röntgenspektroskopie (EDX) analysiert. Für die REM-Aufnahmen wird ein REM des Typs Philips FEI XL 30s FEG verwendet. Die Bestimmung der chemischen Zusammensetzung an der Materialoberfläche erfolgt mittels REM des Typs Zeiss Leo 1455 EP mit dem integrierten EDX System INCA Energy 300. Bei allen REM-Untersuchungen wird eine Anregungsspannung von 5 kV verwendet. Für die Messung der chemischen Zusammensetzungen werden neun Flächenspektren von ca. 150x150 µm² Größe an zufällig auf der Materialoberfläche verteilten Punkten aufgenommen und gemittelt. Die Ergebnisse werden auf die jeweiligen Hauptlegierungselemente (Al, Si, Mg, Cu) normiert.

5 Grundlagenuntersuchungen zum Materialabtrag

Bei der nass-chemischen Stützenentfernung wird neben den Stützen auch Material an der Bauteiloberfläche abgetragen. Dies kann wiederum Einfluss auf die Oberflächenqualität und Maßhaltigkeit der Bauteile nehmen. Nach dem Stand der Forschung und Technik beeinflusst die Oberflächenbeschaffenheit -im Wesentlichen die Rauheit, Mikrostruktur und Phasenanteile im Gefüge- die Größe des zeitlichen Materialabtrags (s. Kapitel 2.2). Die Oberflächenbeschaffenheit von LPBF-Bauteilen wird wiederum vorwiegend durch die LPBF-Prozessparameter, Wärmebehandlungen und die Bauteilorientierung bestimmt [9]. Um den Zusammenhang zwischen dem Materialabtrag (Masseabtrag) und der Oberflächenbeschaffenheit bei der Einwirkung eines basischen Elektrolyts (Natronlauge) auf verschiedene Aluminiumlegierungen (AlSi10Mg, AlSi9Cu3, AlSi12) zu untersuchen, werden im Folgenden Experimente mit einfachen Probekörpern („Würfel", s. Bild 26) durchgeführt. Weiterhin wird der Einfluss von verschiedenen Wärmebehandlungen (SAG, T6, s. Bild 86) auf den Materialabtrag bei Würfeln aus AlSi10Mg ermittelt. Abschließend wird die Geometrie des Materialabtrags untersucht. Dazu wird der zeitliche Materialabtrag mittels Lichtmikroskop aufgenommen.

Bild 26: Schematische Darstellung der verwendeten Probekörper für die Grundlagen-untersuchungen

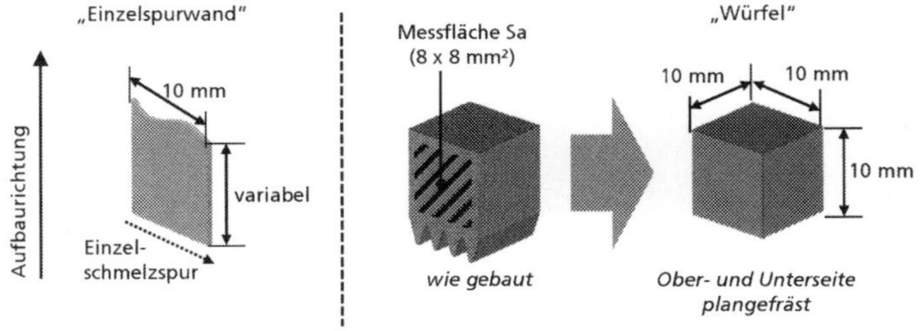

Zur Präparation werden die Probekörper nach der LPBF-Fertigung mit einer Bandsäge von der Substratplatte getrennt und an der Ober- und Unterseite (bzgl. Aufbaurichtung) auf ein definiertes Maß maschinell plangefräst (s. Bild 26). Um Einflüsse durch Kühlschmiermittel zu vermeiden, erfolgt die Fräsbearbeitung trocken. Durch das Planfräsen ist gewährleistet, dass die zu untersuchende Oberfläche an jedem Würfel etwa gleich groß ist. Die Seitenflächen der Würfel werden entsprechend im wie gebauten Zustand belassen, um den Einfluss der nass-chemischen Behandlung auf die Rauheit von Bauteiloberflächen im Fertigungszustand zu bestimmen. Ergänzend werden Würfel aus AlSi10Mg einem Spannungsarmglühen (t = 2 h bei T = 300°C) und einer T6-Behandlung (Lösungsglühen: t = 6 h bei T = 540°C; Abschrecken; Ausscheidungsglühen: t = 3 h bei

T = 180°C) unterzogen (vgl. Bild 86). Für die nass-chemische Behandlung wird die in Tabelle 9 beschriebene verdünnte Natronlauge verwendet. Um möglichst praxisrelevante Bearbeitungsdauern für die nass-chemische Behandlung der Würfel zu ermitteln, wird in einem Vorversuch eine Einzelspurwand (vgl. Bild 26) mittels Natronlauge bis zur vollständigen Auflösung geätzt. Vektorstützen sind aus Einzelspurwänden bzw. aus miteinander verschmolzenen Einzelschmelzspuren aufgebaut. Die im Rahmen des Vorversuchs ermittelte Bearbeitungsdauer entspricht demnach in etwa der von gestützten Bauteilen. Die gemessene Bearbeitungsdauer bis zur vollständigen Auflösung der Einzelspurwand wird zusammen mit den in Tabelle 9 gelisteten Parametern für alle nachfolgenden Untersuchungen herangezogen. Es sei denn es wird explizit auf andere Parameter hingewiesen. In Bild 27 ist der Ablauf des Vorversuchs zur Bestimmung der Bearbeitungsdauer dargestellt.

Bild 27: Exemplarische Darstellung der untersuchten Einzelspurwand
a) vor,
b) während und
c) nach der nass-chemischen Behandlung mit Natronlauge

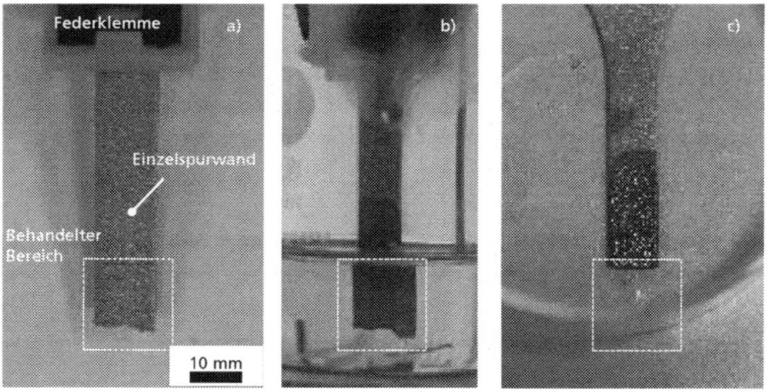

Unmittelbar nach dem Eintauchen der Einzelspurwand in die elektrolytische Ätzlösung aus V_{Lauge} = 20 ml einer 30 Gew.-% Natronlauge kommt es zu einer starken chemischen Reaktion an der Materialoberfläche. Infolge der chemischen Reaktion entsteht an der Materialoberfläche flüchtiger Wasserstoff (H_2). Weiterhin bewirkt die chemische Reaktion die Bildung einer dunklen Substanz, die zur allmähligen Trübung des Ätzbads beiträgt. Diese Substanz kann nach [66, 52] als Natriumaluminat ($Na[Al(OH)_4]$) identifiziert werden, welches bei der chemischen Reaktion von Aluminium mit basischen Elektrolyten gemäß Formel 4.1 ausfällt. Nach einer Bearbeitungsdauer von t = 45 min ist die Einzelspurwand im behandelten Bereich vollständig aufgelöst. Die ermittelte Bearbeitungsdauer wird für alle nachfolgenden Untersuchungen verwendet. In abweichenden Fällen wird explizit darauf hingewiesen. Bei den Versuchen werden jeweils drei Würfel zeitgleich in das Elektrolyt von V_{Lauge} = 100 ml eingetaucht.

Ergänzend zum Vorversuch mit Natronlauge wurde der Test auch mit einem sauren Elektrolyt (Phosphorsäure) durchgeführt (s. Anhang A8). Da im Rahmen des

Versuchs kein messbarer Materialabtrag am Probekörper festgestellt werden kann, wird die nass-chemische Behandlung mittels sauren Elektrolyts nicht weiterverfolgt.

5.1 Einfluss Aluminiumlegierung und Wärmebehandlung

In diesem Kapitel werden die Ergebnisse zur experimentellen Untersuchung des Masseabtrags durch die nass-chemische Behandlung mit der Natronlauge bei verschiedenen Aluminiumlegierungen (vgl. Tabelle 6) und Wärmebehandlungszuständen erläutert. In Bild 28 sind die unbehandelten, geätzten und ultraschallgereinigten Würfel visualisiert. Die unterschiedlich wärmebehandelten Würfel aus AlSi10Mg unterscheiden sich optisch kaum von den nicht wärmebehandelten Würfeln, daher sind diese nicht explizit in der Übersicht aufgeführt.

Bild 28: Übersicht wie gebauter, geätzter und ultraschallgereinigter Würfel

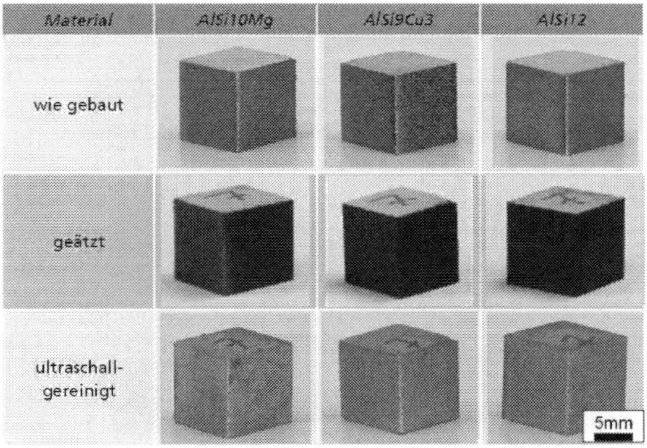

Durch die unterschiedlichen Perspektiven und Belichtungseinstellungen bei der Bildaufnahme sind Unterschiede bei den Würfeln in Form und Farbe je Behandlungszustand sichtbar, daher dient die Übersicht nur zur groben Ersteinschätzung. Die AlSi9Cu3-Würfel weisen im wie gebauten Zustand eine leicht dunklere Oberfläche im Vergleich zu den anderen Aluminiumlegierungen auf. Im geätzten Zustand sind alle Würfel durch eine dunkle Verfärbung gekennzeichnet. Zusätzlich kann nach der nass-chemischen Behandlung eine optisch glattere Materialoberfläche im Vergleich zum Initialzustand festgestellt werden.

Zur Quantifizierung des Masseabtrags werden die Würfel gemäß den Erläuterungen in Kapitel 4.5.4 gewogen. In Bild 29 ist der prozentuale Masseabtrag an den Würfeln nach der nass-chemischen Behandlung gemittelt über drei Messungen für die Bearbeitungsdauer von $t = 45$ min wiedergegeben. Um den Einfluss der Rauheit auf den Masseabtrag zu eliminieren, ist zusätzlich der relative Masseabtrag normiert auf die wahre Materialoberfläche dargestellt. Die wahre Materialoberfläche wurde zuvor aus der nominalen Materialoberfläche ($A_{nominal}$ = 4x(10x10 mm²)) ergänzt um den Mehranteil aus der Rauheit (Grenzflächenverhältnis, SDR) berechnet.

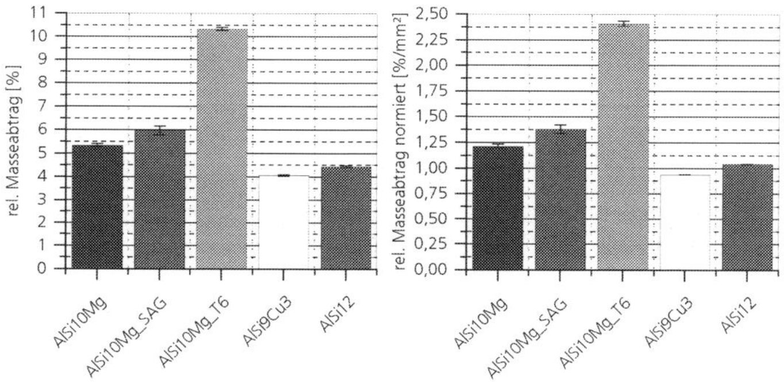

Bild 29: Relativer Masseabtrag bei den nass-chemisch behandelten Würfeln (l. ohne; r. normiert)

Der relative Masseabtrag ist bei den AlSi10Mg-Würfeln am größten und bei den AlSi9Cu3-Würfeln am kleinsten. Die Masseabträge sind bei den AlSi9Cu3-Würfeln um ca. 24% und bei den AlSi12-Würfeln um ca. 17% kleiner als bei den AlSi10Mg-Würfeln. Mit Bezug auf die Wärmebehandlungen ist der relative Masseabtrag bei den T6-behandelten Würfeln um ca. 93% und bei den spannungsarmgeglühten Würfeln um ca. 12% größer als bei den nicht wärmebehandelten Würfeln. Die Ergebnisse der relativen Masseabträge sind ähnlich zu den entsprechenden normierten relativen Masseabträgen. Demnach ist der Einfluss der Rauheit untergeordnet und nicht ursächlich für die unterschiedlichen Ergebnisse. In Bild 30 sind die Ergebnisse der Rauheitsmessungen an der seitlichen Materialoberfläche der Würfel (s. Bild 26) dargestellt.

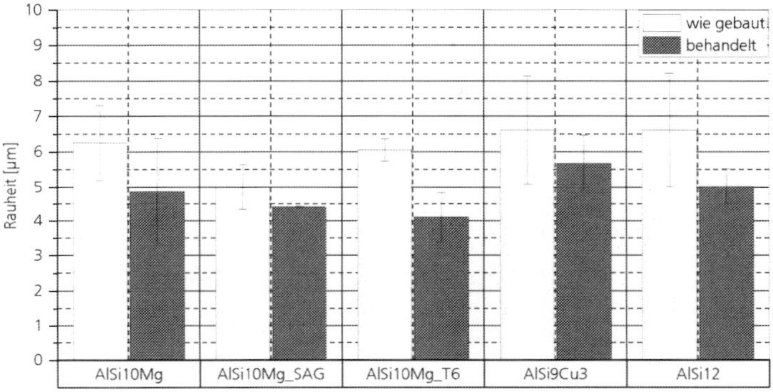

Bild 30: Rauheiten (Sa) bei den wie gebauten und nass-chemisch behandelten Würfeln (t = 45 min, T = 50 °C, NaOH)

Alle untersuchten Würfel weisen nach der nass-chemischen Behandlung eine um ca. 12-32% kleinere Rauheit auf. Die größte Rauheitsverkleinerung (ca. 32%) liegt bei den T6-behandelten Würfeln vor. Grundsätzlich ist mit größerer Rauheit die an der Reaktion beteiligte Materialoberfläche größer, wodurch auch der Masseabtrag tendenziell größer wird (s. Bild 83). Die größten Initialrauheiten weisen die AlSi9Cu3- und AlSi12-Würfel auf, jedoch ist der relative Masseabtrag bei diesen Würfeln am kleinsten. Noch deutlicher wird dies bei den wärmebehandelten Würfeln aus AlSi10Mg. Obwohl die T6-behandelten Würfel annähernd die gleiche Initialrauheit wie die nicht wärmebehandelten Würfel aufweisen, ist der relative Masseabtrag bei den T6-behandelten Würfel ca. 93% größer. Aus diesem Grund muss der Einfluss von den unterschiedlichen Mikrostrukturen sowie Phasenanteilen im Gefüge dominierend auf die unterschiedlichen Masseabträge sein. In den REM-Aufnahmen in Bild 31 sind die Materialoberflächen der nass-chemisch behandelten Würfel aus AlSi10Mg in den drei Wärmebehandlungszuständen in 500x und 5000x-facher Vergrößerung dargestellt.

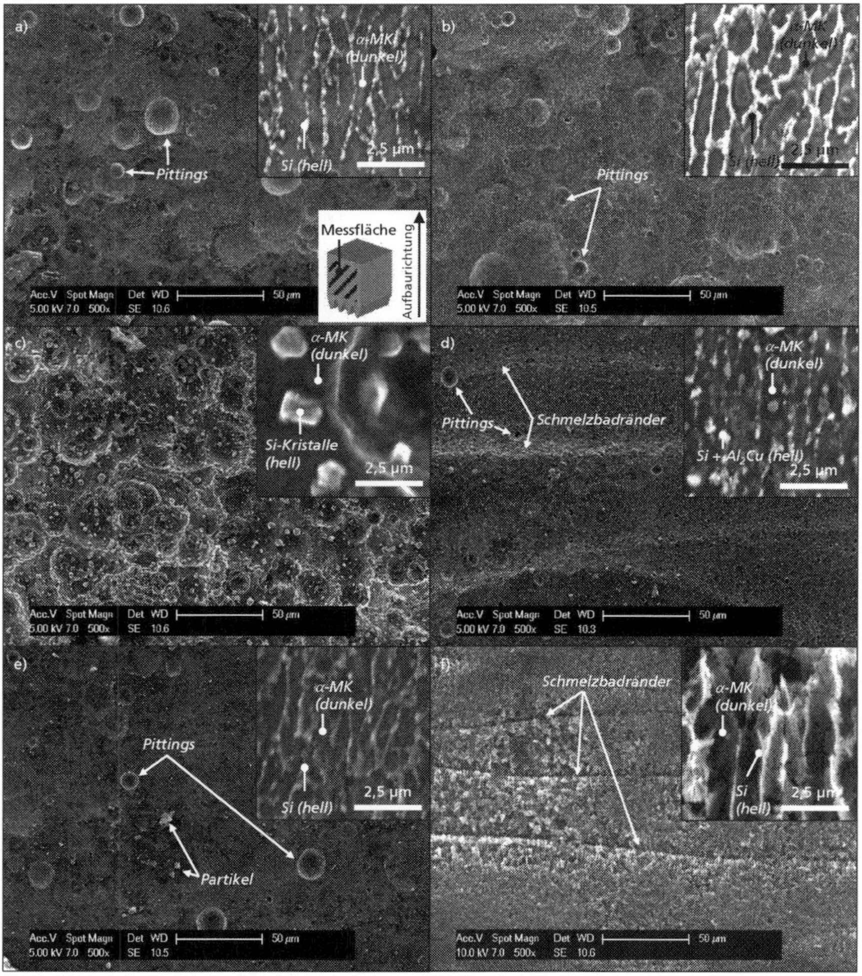

Bild 31: REM-Aufnahmen der behandelten Würfeloberflächen: a) AlSi10Mg, ohne WB; b) AlSi10Mg, SAG; c) AlSi10Mg, T6; d) AlSi9Cu3, ohne WB; e) AlSi12, ohne WB; f) AlSi10Mg, geätzt, ohne Ultraschallreinigung

Die nicht wärmebehandelten und spannungsarmgeglühten AlSi10Mg-Würfel (a), b)) sowie die AlSi12-Würfel (e)) weisen annähernd die gleiche Oberflächenmorphologie und Mikrostruktur auf. Auf der Materialoberfläche sind Pittings von bis zu ca. 10 µm Durchmesser auf der Oberfläche verteilt erkennbar. Zusätzlich befinden sich vereinzelt Partikel auf der Materialoberfläche, die aus Fremdmaterial (bspw. Staubpartikel, Tuchfasern) oder nicht aufgeschmolzenen Pulverpartikeln bestehen können. Bei den AlSi9Cu3-Würfeln (d)) ist die Textur der Schmelzbadränder durch einen erhöhten Materialabtrag in diesem Bereich erkennbar. Die Oberflächenmorphologie wirkt zudem rauer, als bei den anderen Würfeln, was durch die verringerte Rauheitsverkleinerung (s. Bild 30) bestätigt wird. In der 5000-fachen Vergrößerung ist bei allen Würfeln außer den T6-behandelten Würfeln das für Al-Si-Aluminiumlegierungen im LPBF charakteristische Gefüge aus α-Mischkristall und umgebenem Netzwerk aus eutektischem Silizium erkennbar (vgl. Bild 12, Bild 13 und [9, 49, 51]). Die Zellen aus α-Mischkristall im Silizium-Netzwerk weisen eine längliche Form von wenigen Mikrometern auf. Bei den AlSi9Cu3-Würfeln befindet sich zusätzlich im Si-Netzwerk eine Sekundärphase aus Kupferaluminid (Al_2Cu), welche mittels Transmissionselektronenmikroskopie (TEM) nachgewiesen werden kann. Entsprechende Untersuchungen sind in [72] zu finden. Unmittelbar nach dem Metallätzen der Würfel ist das Si-Netzwerk deutlich als lamellare Struktur erkennbar. Dieses spröde Si-Netzwerk ist makroskopisch als bräunliche Schicht (s. Bild 28) an der Materialoberfläche sichtbar und kann mittels Ultraschallreinigung weitestgehend entfernt werden. Weiterhin ist in den REM-Aufnahmen beispielhaft bei einem AlSi10Mg-Würfel zu sehen, dass der Materialabtrag der α-Mischkristallphase an den Schmelzbadrändern infolge der größeren Phasen größer als im Schmelzbad ist (f)). Die Oberflächenmorphologie und Mikrostruktur der T6-behandelten Würfel (c)) unterscheidet sich deutlich von den anderen Würfeln. Eine Vielzahl von Pittings mit einem Durchmesser von 10-15 µm sind über die gesamte Materialoberfläche verteilt sichtbar. Gemäß den Erläuterungen in Kapitel 4.2 weist das Gefüge im T6-Behandlungszustand Siliziumkristalle auf, die sich aus dem Silizium in der α-Mischkristallphase und dem Si-Netzwerk bei der Wärmebehandlung bilden [49]. Diese Siliziumpartikel sind nach der nass-chemischen Behandlung deutlich als Kristalle von 1-2 µm Durchmesser an Materialoberfläche erkennbar. Ein Größenvergleich der Si-Partikel in den REM-Aufnahmen (s. Bild 31, c)) mit den Si-Partikeln in der Querschliffaufnahme in Bild 12 c) bestätigt diesen Zusammenhang. Ursache für die vermehrten Pittings und den Verbleib der Siliziumpartikel an der Materialoberfläche ist die Potenzialverschiebung innerhalb des Gefüges. Mit größeren Siliziumpartikeln wird die α-Mischkristallphase elektronegativer, da die isolierende Wirkung des Si-Netzwerks verkleinert wird. Die Potentialdifferenz zwischen der Siliziumphase und der Al-Matrix ist somit größer, sodass die Al^{3+}-Ionen schneller abgetragen werden. [49, 51, 66] Weiterhin entsteht bei der T6-Behandlung die festigkeitssteigernde Sekundärphase Mg_2Si. Diese ist im Vergleich zu den anderen Phasen wesentlich unedler und beschleunigt den Materialabtrag zusätzlich.

Eine abschließende EDX-Analyse der drei Aluminiumlegierungen zu den jeweiligen Behandlungszuständen bestätigt die Beobachtungen aus den REM-Aufnahmen. Die Diagramme in Bild 32 zeigen die prozentualen chemischen Elementverteilungen der jeweiligen Hauptlegierungselemente (Aluminium (Al), Silizium (Si),

Magnesium (Mg) und Kupfer (Cu). Für die verschiedenen Wärmebehandlungszustände wird keine separate EDX-Analyse durchgeführt.

Bild 32: Elementverteilungen der wie gebauten, geätzten und ultraschallgereinigten Würfeloberflächen

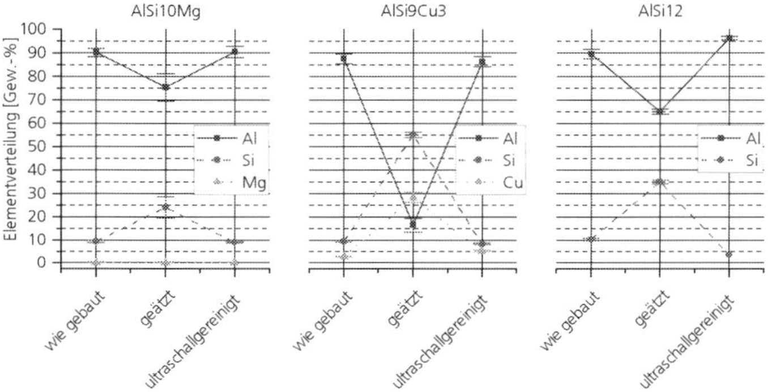

Der Aluminiumanteil in den geätzten Materialoberflächen ist verkleinert und der Silizium- bzw. Kupferanteil (relativ zur unbehandelten Materialoberfläche) vergrößert. Auf der Materialoberfläche verbleibt nach dem Metallätzen demnach verglichen mit der Elementverteilung im wie gebauten Zustand vorwiegend das Si-Netzwerk, welches bei den AlSi9Cu3 zusätzlich die Cu-reiche Phase aus Kupferaluminid (Al_2Cu) beinhaltet. Die chemische Zusammensetzung der ultraschallgereinigten Materialoberflächen entspricht in etwa den wie gebauten Materialoberflächen. Die Si- bzw. Cu-reiche Schicht lässt sich somit fast vollständig durch die Ultraschallreinigung entfernen.

Die nass-chemische Behandlung mit Natronlauge bewirkt bei allen untersuchten Aluminiumlegierungen einen Materialabtrag und die Verkleinerung der Rauheit an der Materialoberfläche. Der Materialabtrag hängt dabei vorwiegend von der Mikrostruktur und der Phasenanteile im Gefüge ab. Unmittelbar nach dem Metallätzen weisen die untersuchten Würfel eine bräunliche Schicht aus Silizium auf, die jedoch mittels Ultraschallreinigung nahezu vollständig wieder entfernt werden kann.

5.2 Geometrie des Materialabtrag

Bei der Korrosion von LPBF-gefertigten Bauteilen aus Aluminiumlegierungen dominieren auf mikroskopischer Ebene Korrosionsmechanismen, die lokal wirken (Selektive Korrosion, Lochkorrosion) [47–51]. Auf makroskopischer Ebene sind diese aufgrund der wesentlich feineren Mikrostruktur beim LPBF vorwiegend als flächiger Korrosionsangriff erkennbar.

Diese Zusammenhänge können auch bei der Einwirkung der Natronlauge bei den untersuchten Würfeln aus dem vorherigen Kapitel festgestellt werden (s. Bild 33).

Bild 33: REM-Aufnahme einer geätzten Würfeloberfläche aus AlSi10Mg (wie gebaut)

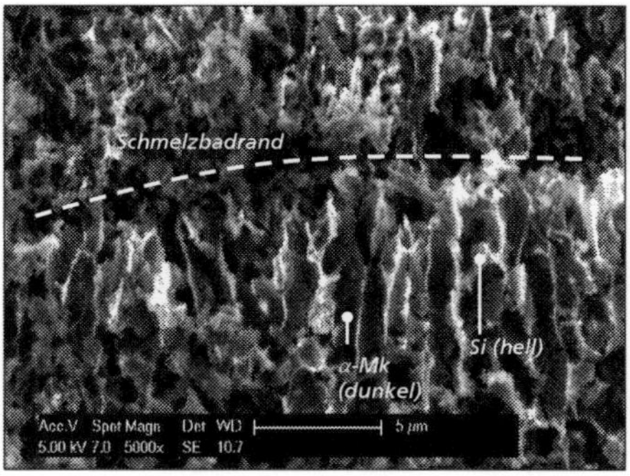

Die α-Mischkristallphase wird dominierend abgetragen. Das Si-Netzwerk verbleibt an der Materialoberfläche. Da das Si-Netzwerk jedoch spröde und fein verteilt ist, lässt es sich mit geringer mechanischer Einwirkung entfernen. Um die Geometrie des Materialabtrags bei der Einwirkung der Natronlauge auf makroskopischer Ebene zu erfassen, wird im Folgenden der Materialabtrag mithilfe eines Lichtmikroskops (Modell: Olympus SZX12 [88]) an einem AlSi10Mg-Würfel in einer Schnittebene senkrecht zur Materialoberfläche gefilmt. Dazu wird der Würfel zunächst eingebettet, geschliffen, poliert und wieder ausgebettet. Um den zeitlichen Materialabtrag bestimmen zu können, werden mittels eines Härteprüfgeräts [89] Referenzmarken parallel unterhalb der Materialoberfläche angebracht (s. Bild 34). Anschließend wird auf die polierte Oberfläche der Probekörper ein Objektträgerglas mit einem laugenresistenten Klebstoff aufgeklebt. Hierdurch wird gewährleistet, dass die Reaktion ausschließlich auf der Bauteiloberfläche stattfindet. Nach der Probekörperpräparation wird der Würfel in eine Einspannvorrichtung eingespannt, die sich unmittelbar vor dem Messkopf des Lichtmikroskops befindet. Um den Würfel mit dem Elektrolyt zu beaufschlagen, ist die Versuchsapparatur so angeordnet, dass das Elektrolyt durch die Einwirkung der Schwerkraft (F_G) auf die zu ätzende Stelle geträufelt werden kann (s. Bild 34). Während des Versuchs wird mittels des Lichtmikroskops die Einwirkung des Elektrolyts auf die Materialoberfläche gefilmt. Aus den Aufnahmen lässt sich bestimmen, wie das Material über die Zeit abgetragen wird.

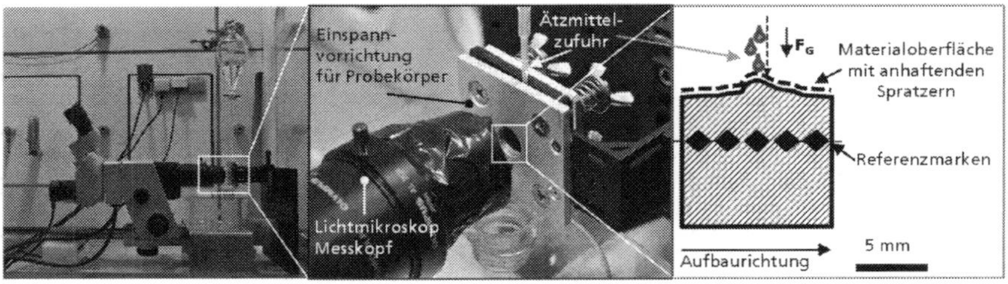

Bild 34: Versuchaufbau zur mikroskopischen Visualisierung des Wirkmechanismus beim nass-chemischen Materialabtrag

Bei Vorliegen eines flächigen Materialabtrags in die Tiefe müsste dies durch einen gleichmäßigen Materialabtrag über die Materialoberfläche erkennbar sein. Zudem müssten die Rauheitsspitzen infolge der vergrößerten Materialoberfläche durch die nass-chemische Behandlung eingeebnet werden. Sollte ein flächiger Tiefenabtrag vorliegen, würde zur Kompensation des Materialabtrags an der Bauteiloberfläche ein flächiges Aufmaß genügen. Dies wird ausführlicher in Kapitel 8.1 untersucht.

In Bild 35 sind Momentaufnahmen von der Einwirkung der Natronlauge auf die Materialoberfläche zu diskreten Zeitpunkten dargestellt.

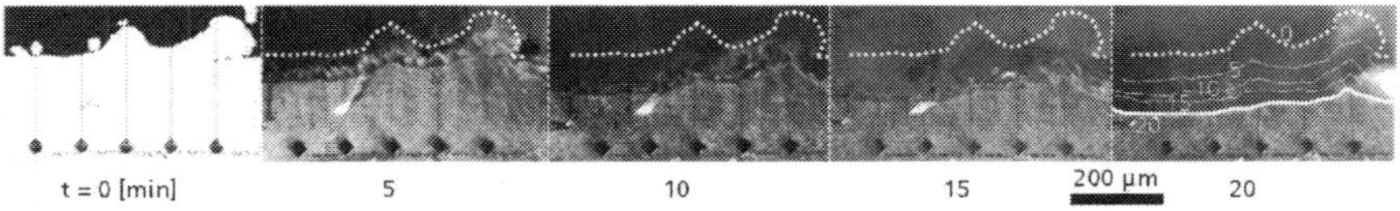

Bild 35: Darstellung des zeitlichen Verlaufs des Materialabtrags bei der Einwirkung von Natronlauge

Mithilfe der Momentaufnahmen kann der zeitliche Ablauf des Materialabtrags visualisiert werden. Die Aufnahmen zeigen, dass die Natronlauge an allen Stellen einen annähernd gleichmäßigen Materialabtrag in die Tiefe (Materialabtrag senkrecht zur Oberfläche [mm/min]) des Materials bewirkt. Dadurch werden auch Rauheitsspitzen infolge der vergrößerten Materialoberfläche eingeebnet. Lokal resultiert daraus ein erhöhter massebezogener Materialabtrag (Masseabtrag [g/min]). Es wird vermutet, dass der an der Materialoberfläche entstehende Wasserstoff (H_2) das Ableiten des in Lösung gehenden Natriumaluminats ($Na[Al(OH)_4]$, vgl. Kapitel 4.4) bewirkt, wodurch die Bildung einer reaktionshemmenden Passivierungsschicht verhindert und die Reaktion aufrechterhalten wird.

Zusammengefasst kann mit den vorliegenden Experimenten bestätigt werden, dass bei der nass-chemischen Behandlung von LPBF-Probekörpern aus Aluminiumlegierungen mittels Natronlauge auf makroskopischer Ebene ein global bzw. flächig wirkender Materialabtrag stattfindet, wie er auch gemäß Cabrini und Gu bei der Korrosion vorliegt [47–51]. Auf mikroskopischer Ebene erfolgt der Materialabtrag lokal bzw. selektiv infolge der Potentialdifferenz zwischen den verschiedenen Gefügephasen. Weitere Untersuchungen zur Kompensation des Materialabtrags am Bauteil sind in Kapitel 8.1 zu finden.

6 Untersuchungen der mechanischen Eigenschaften unter dynamischer Beanspruchung

An dieser Stelle wird der Einfluss der nass-chemischen Behandlung auf die mechanischen Eigenschaften unter dynamischer Beanspruchung von Probekörpern am Beispiel von AlSi10Mg vorgestellt. In Kapitel 5.1 wurde bereits nachgewiesen, dass die nass-chemische Behandlung mit Natronlauge eine Verkleinerung der Rauheit an den untersuchten Würfeln bewirkt. Aus den Untersuchungen in [39, 55, 58] geht hervor, dass die nass-chemische Behandlung von Ti6Al4V-Probekörpern durch die verkleinerte Rauheit eine Vergrößerung der Schwingfestigkeit verursacht. Um diesen Einfluss bei Aluminiumlegierungen zu untersuchen, werden exemplarisch Schwingfestigkeitsversuche mit unbehandelten und nass-chemisch behandelten Probekörpern aus AlSi10Mg durchgeführt.

Für die Schwingfestigkeitsversuche werden insgesamt zwölf Schwingfestigkeitsproben mittels LPBF gefertigt. Die Probekörper werden stehend (senkrecht zur Substratplatte) aufgebaut, um den kritischsten Fall (Worst-Case) hinsichtlich der Belastungsrichtung zu untersuchen (vgl. [9]). Für die Untersuchung verschiedener Bearbeitungszustände, wird ein Teil der Probekörper im Fertigungszustand belassen. Der andere Teil der Probekörper wird vollständig gemäß den Abmessungen in Bild 36 endbearbeitet. Je Behandlungszustand werden drei Schwingfestigkeitsproben verwendet. Losgelöst von der Ermittlung des Einflusses der Oberflächenglättung kann somit auch der Einfluss von potenziell freigelegten Poren untersucht werden. Die nass-chemisch zu behandelnden Probekörper werden mit einem Aufmaß versehen, welches durch die Behandlung abgetragen wird. Als Aufmaß wird die halbe Dicke einer Schmelzspurbreite ($d = d_{Schmelz}/2 = 125$ µm, vgl. Kapitel 4.2) angesetzt. Unter der Annahme, dass der zeitliche Materialabtrag lokal konstant ist, entspricht der Wert dem notwendigen Materialaufmaß zur Kompensation des Materialabtrags bei der nass-chemischen Stützenentfernung von Vektorstützen.

Bild 36: Schwingfestigkeitsproben (links: Abmessungen nach DIN 50100, rechts: (a) wie gebaut, b) wie gebaut + geätzt, c) gedreht, d) gedreht + geätzt)

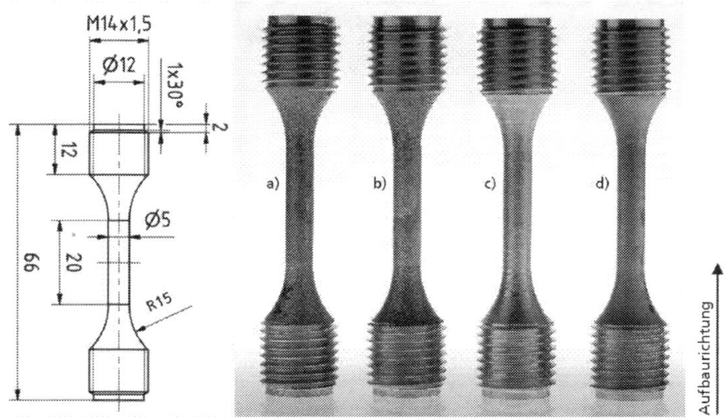

Die Schwingfestigkeitsversuche werden gemäß den Erläuterungen in Kapitel 4.5.3 durchgeführt. Die Ergebnisse der experimentellen Untersuchungen sind in Bild 37 wiedergegeben.

Bild 37: Ergebnisse der Schwingfestigkeits-versuche in Abhängigkeit des Bearbeitungs-zustands

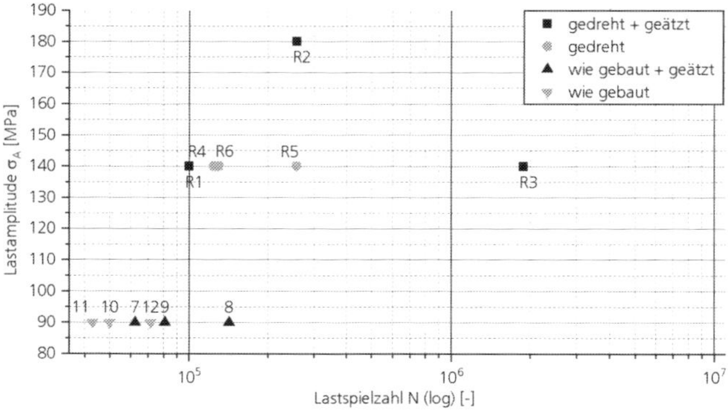

In Bild 37 sind die Einzelergebnisse zu den maximal ertragbaren Lastspielen bei gegebener Spannungsamplitude aller untersuchten Schwingfestigkeitsproben aufgezeigt. Schwingfestigkeitsproben, die bei der initialen Last (Amplitudenspannung $\sigma_A = 90$ MPa) bis zum Dauerfestigkeitsbereich durchgelaufen sind (d.h.

Lastspielzahl N > 2x10^{6}, vgl. [84]) sind mit einem „R" gekennzeichnet und werden bei einer Lastamplitude σ_A = 140 MPa bzw. σ_A = 180 MPa erneut dynamisch belastet.

Beim Vergleich der Ergebnisse der verschiedenen Bearbeitungszustände wird ersichtlich, dass die nass-chemisch behandelten Schwingfestigkeitsproben sowohl im Fertigungszustand („wie gebaut") als auch endbearbeiteten Zustand („gedreht") durchschnittlich eine höhere Anzahl von Lastwechseln standhalten (s. Bild 37). Bei den wie gebauten Schwingfestigkeitsproben sind die ertragbaren Lastspiele (Amplitudenspannung σ_A = 90 MPa) im Mittel um ca. 75 % größer nach der nass-chemischen Behandlung. Bei den gedrehten Schwingfestigkeitsproben sind die ertragbaren Lastspiele (Amplitudenspannung σ_A = 140 MPa) nach der nass-chemischen Behandlung sogar im Mittel um das Achtfache größer. Daraus kann abgeleitet werden, dass die nass-chemische Behandlung die dynamischen Werkstoffeigenschaften auch bei Aluminiumlegierungen tendenziell verbessert. Die Verbesserung der dynamischen Eigenschaften bei den wie gebauten Probekörper wird durch die Verkleinerung von Rauheitsspitzen an der Oberfläche erzielt (s. Bild 38). Dadurch kann die Kerbwirkung verkleinert und Spannungsspitzen vermieden werden.

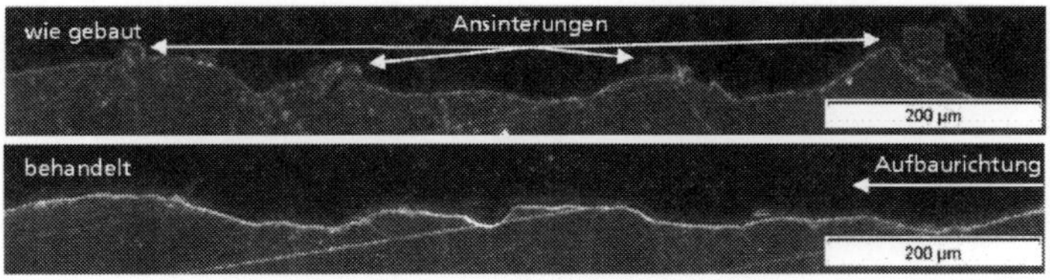

Bild 38: Querschliffaufnahme senkrecht zur Materialoberfläche wie gebauter und behandelter Schwingfestigkeitsproben (Bildausschnitte nicht identisch)

Die Vergrößerung der Anzahl der ertragbaren Lastspiele bei den gedrehten Proben resultiert vermutlich ebenfalls aus der Glättung der bei der spanenden Bearbeitung entstandenen Fräsriefen. In Bild 39 und Bild 40 sind die Bruchflächen und die entsprechenden Rissinitialstellen exemplarisch ausgewählter Probekörper jedes Bearbeitungszustands dargestellt.

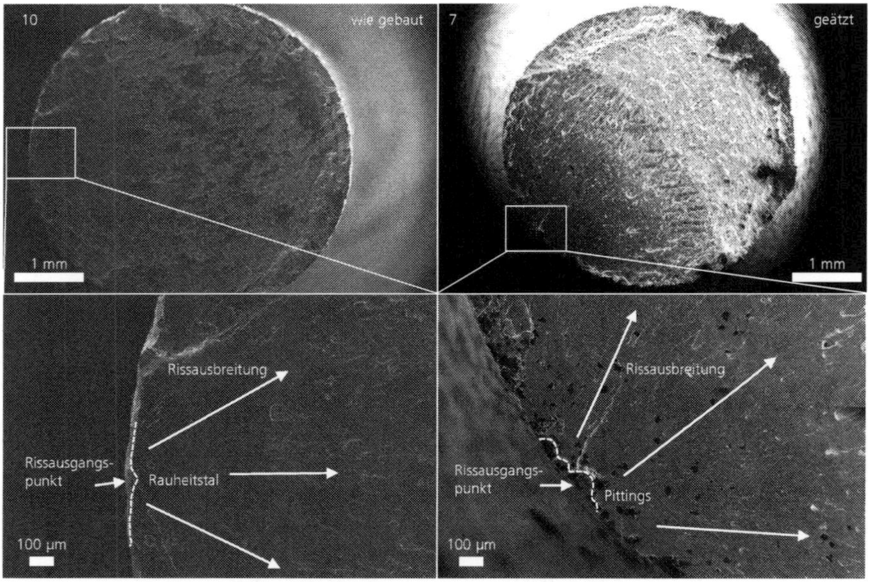

Bild 39: Exemplarische Bruchflächen der Schwingfestigkeitsproben (l. Probe 10, wie gebaut; r. Probe 7, geätzt)

Bei den wie gebauten Schwingfestigkeitsproben beginnt die Rissausbreitung zufällig an einer Unstetigkeit (bspw. Rauheitstal). Bei den geätzten Schwingproben ist der Rissausgangspunkt an einer Auskolkung (Pitting). Diese können bspw. an freigelegten Randporen, tieferen Rauheitstäler oder unedleren Phasen verursacht werden (vgl. Kapitel 4.4). Letztere Effekte sind jedoch im Vergleich zu den anderen Effekten um Größenordnungen kleiner und daher nicht dominierend. Bei den gedrehten Schwingproben beginnt die Rissbildung ebenfalls an einer Unstetigkeit, die bspw. durch eine Fräsriefe entstanden sein kann (s. Bild 40). Wie bei den wie gebauten und geätzten Schwingproben ist der Rissausgangspunkt bei den gedrehten und geätzten Schwingproben ebenfalls an Pittings zu finden. Die Bildung dieser Pitting kann ebenfalls durch die zuvor genannten Effekte erfolgt sein. Die Rissausbreitung verläuft bei allen untersuchten Schwingfestigkeitsproben am Rissausgangspunkt beginnend radial.

Die ertragbaren Lastspiele des Probekörpers R1 sind um mehrere Größenordnungen kleiner als des gleich behandelten Probekörpers R3 bei konstanter Lastamplitude von σ_A = 140 MPa (s. Bild 37). Ursache für diese Verkleinerung sind die im Verhältnis zu den anderen untersuchten Probekörpern großen Pittings, an denen die Rissausbreitung beginnt (s. Bild 40).

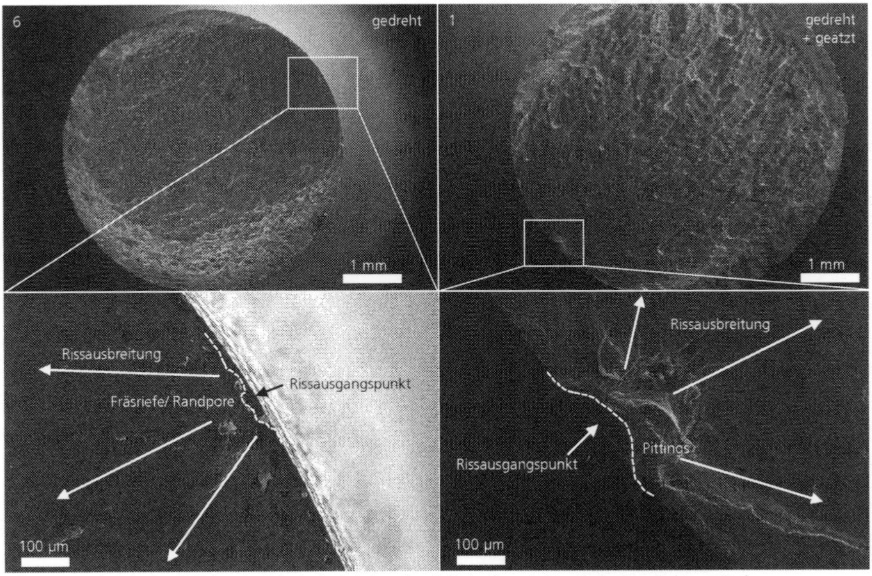

Bild 40: Exemplarische Bruchflächen der Schwingfestigkeitsproben (l. Probe 6, gedreht; r. Probe 1, gedreht + geätzt)

Die Größe und Form der Pittings hängt insbesondere von der Initialgröße der Unstetigkeit und der Bearbeitungsdauer der nass-chemischen Behandlung ab. Je nach Spannungskonzentration kann diese zur Verkleinerung der ertragbaren Lastspiele beitragen. Die Oberflächenglättung und die damit verbundene Vergrößerung der ertragbaren Lastspiele im Vergleich zu den unbehandelten Probekörpern dominieren jedoch im Rahmen der Untersuchungen und bestätigen die Erkenntnisse aus der Literatur [39, 55].

Die Natronlauge wirkt an der Oberfläche des Materials, sodass kein Einfluss auf das statische Werkstoffverhalten erwartet wird. Die Ergebnisse quasistatischer Zugversuche mit un- und nass-chemischen behandelten Zugproben im Anhang A9 bestätigen diesen Zusammenhang.

7 Untersuchungen zum Stützendesign und Entstützen

In diesem Kapitel werden die Untersuchungen zur Entwicklung eines auf die nass-chemische Stützenentfernung angepassten Stützendesigns geschildert. Zunächst werden die Randbedingungen und die davon abgeleiteten Designansätze erläutert. Verschiedene Designansätze zur Anpassung des Stützendesigns an repräsentativen Probekörpern aus AlSi10Mg (bei den Versuchen zu den porösen Volumenstützen zusätzlich AlSi12, AlSi9Cu3) werden untersucht. Dabei wird nach dem Einsatzbereich der Stützen unterschieden. Gemäß Bild 41 können Stützen -neben der Unterteilung in Volumen- und Vektorstützen (vgl. Kapitel 2.1)- nach dem Anbringungsort, d.h. nach außen- und innenliegenden Bauteilbereichen unterschieden werden.

Bild 41: Exemplarische Darstellung von verschiedenen gestützten Bauteilbereichen/ -oberflächen an einem Medienverteiler

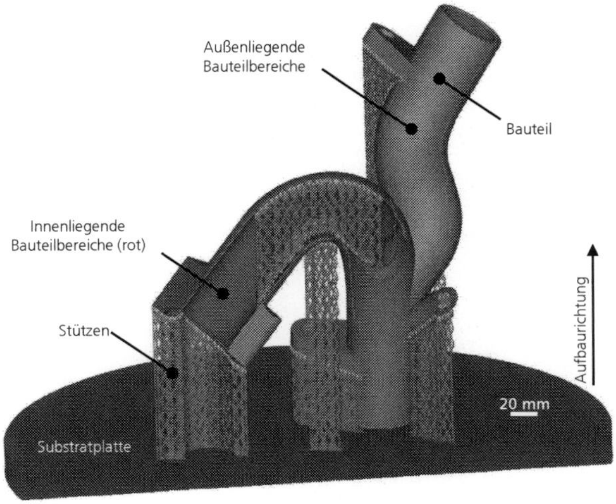

Die äußere Bauteilkontur ist in der Regel aus Freiform- und Funktionsflächen aufgebaut. Die Freiformflächen können zu einer homogenen Kraftübertragung beitragen oder dienen lediglich der Ästhetik. Die Funktionsflächen werden bspw. als Kraftübertragungsstellen (bspw. Flansch) eingesetzt (vgl. Bild 1). In der Regel müssen diese meist großflächigen Bereiche mit Vektor- und Volumenstützen verstützt werden, um eine fehlerfreie und maßhaltige Fertigung zu gewährleisten. Innenliegende Bauteilbereiche sind geometrisch meist rohrartige Strukturen und können i.d.R. nur eingeschränkt mit werkzeuggebundenen Verfahren nachbearbeitet werden. Diese werden meist zur Medienführung (bspw. Kühlkanal) eingesetzt, um das Bauteil beispielsweise von innen zu kühlen. Da die Kanäle i.d.R. kleine überhängende Oberflächen aufweisen, ist die Verstützung mittels Vektorstützen ausreichend für einen sicheren Fertigungsprozess.

In den nachfolgenden Untersuchungen sollen die nach dem Stand der Forschung und Technik verwendeten Verstützungsmethoden durch Anpassung der LPBF-Prozessparameter und der Stützengeometrie sowie -positionierung auf die nass-chemische Stützenentfernung adaptiert werden. Ziel ist die Effektivitäts- und Effizienzsteigerung der Stützenentfernung.

7.1 Anforderungen und Designansätze

Im Hinblick auf die nass-chemische Stützenentfernung koppeln sich weitere Randbedingungen an das Stützendesign, um eine zeiteffiziente und automatisierte Nachbearbeitung zu ermöglichen. In Kapitel 3.1 wurden bereits die wesentlichen Defizite des Stützendesigns nach dem Stand der Forschung und Technik mit Bezug zur nass-chemischen Stützenentfernung geschildert. Aus diesen Defiziten leiten sich drei wesentliche Ziele für das Stützendesign ab:

1. Vollständige Pulverentfernung (→ Effektivitätssteigerung)
2. Vollständige Stützenentfernung (→ Effektivitätssteigerung)
3. Schnellere Stützenentfernung (→ Effizienzsteigerung)

Aus den genannten Zielen und Anforderungen nach Kapitel 2.1 werden mögliche Designansätze für die Stützen in den jeweiligen Bauteilbereichen abgeleitet. Um die Pulverentfernbarkeit bei Vektorstützen an außenliegenden Bauteilbereichen zu verbessern, sollten die Stützen möglichst offenporig sein. Um dies geometrisch umzusetzen, ist ein möglicher Designansatz die Vereinzelung der Vektorstützen. Eine Vereinzelung der Stützen kann jedoch das Verbiegen der Stützen während des Fertigungsprozesses bewirken, sodass diese nicht vollständig an die darüberliegenden Bauteiloberflächen angebunden sind oder Bauteilverzug nicht effektiv unterbunden werden kann. Um diesem Zielkonflikt entgegenzuwirken, werden Stützen mit einem möglichst großen axialen Flächenträgheitsmoment gestaltet (s. Bild 42). Weiterhin sind die Stützen zur Bauteiloberfläche hin miteinander verbunden (s. Bild 44), um die Steifigkeit zusätzlich zu vergrößern. Nach dem Stand der Forschung und Technik sind Vektorstützen geometrieunabhängig bezüglich eines globalen Musters orientiert. Insbesondere bei innenliegenden Bauteilbereichen bewirkt dies eine ineffektive Pulverentfernung. Da das Pulver meist nur an zwei Stellen ausströmen kann, verbleibt in der Regel Restpulver zwischen den Stützen. Um hier die Effektivität der Pulverentfernung zu vergrößern, werden die Vektorstützen strömungsgünstig orientiert.

Hinsichtlich einer vollständigen und schnelleren Stützenentfernung muss einerseits die Benetzbarkeit der Stützen und andererseits die Reaktionsgeschwindigkeit vergrößert werden. Gleichzeitig müssen die Stützen eine hinreichende Steifigkeit gegen Verbiegung durch die mechanische Einwirkung der Pulverauftragseinheit sowie eine hinreichende Festigkeit aufweisen. Der zeitliche Materialabtrag nimmt mit zunehmendem Zerteilungsgrad zu. Der Zerteilungsgrad beschreibt das Verhältnis aus (benetzbarer) Oberfläche (oder Umfang) zu zugehörigem Volumen (bzw. Querschnittsfläche). Das axiale Flächenträgheitsmoment beschreibt die Querschnittsflächen-Abhängigkeit einer Struktur gegenüber Verbiegung. Größere axiale Flächenträgheitsmomente bewirken kleinere innere Spannungen in der Querschnittsfläche und damit eine größere Steifigkeit der Struktur. In Bild 42 sind exemplarisch die ZG und axiale Flächenträgheitsmomente für verschiedene geometrische Grundformen in Abhängigkeit des Anbindungsquerschnitts dargestellt.

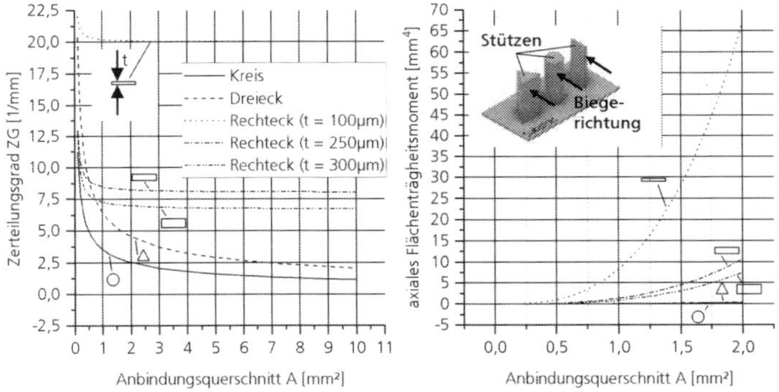

Bild 42: Zerteilungsgrade (links) und axiale Flächenträgheitsmomente (rechts) für verschiedene geometrische Grundformen

Für kreuz- bzw. sternförmige Strukturen ergeben sich in etwa die gleichen ZG, wie bei den rechteckförmigen Strukturen. Daher können diese synonym verwendet werden. Wie in Bild 42, links dargestellt, verläuft der ZG hyperbolisch in Abhängigkeit des Anbindungsquerschnitts A. Die Rechteckform hat gegenüber der Dreieck- und Kreisform einen größeren ZG und axiale Flächenträgheitsmomente im relevanten Größenbereich (A > 0,75 mm²) [90]. Dabei gilt generell: je kleiner die Dicke t des Rechtecks, welche im Anwendungsfall der Wandstärke der Vektorstützen entspricht, desto größer wird der ZG. Ein größerer ZG bei der Stützengeometrie bewirkt eine schnellere Auflösung der Stützen [78]. Eine mögliche Geometrie für Vektorstützen in außenliegenden Bauteilbereichen ist die Sternform, bestehend aus rechteckigen Strukturen. Diese weisen sowohl einen großen ZG und benetzbare Oberfläche als auch ein großes axiales Flächenträgheitsmoment auf (s. Bild 42). Bei den innenliegenden Bauteilbereichen werden aufgefächerte Vektorstützen verwendet, die entlang der Kanalachse orientiert sind. Somit werden Formwiderstände minimiert und das Ausströmen des Pulvers bzw. Einströmen des Elektrolyts kann begünstigt werden. Um bei größeren Rohrquerschnitten eine ausreichende Verstützung zu gewährleisten, jedoch wenig Stützmaterial einzusetzen, sind die einzelnen Stützenwände in Richtung der zu stützenden Fläche aufgefächert.

Volumenstützen sind nach dem Stand der Forschung und Technik vorwiegend zylindrisch oder konisch und weisen einen kleinen ZG auf. Um diesen ZG unter Einhaltung der wesentlichen Funktion der Volumenstützen (s. Kapitel 2.1) zu vergrößern, ist ein möglicher Designansatz die poröse Gestaltung der Volumenstützen.

In Bild 43 sind die zuvor genannten Ziele, mögliche Designansätze und Umsetzungsmaßnahmen im LPBF tabellarisch zusammengefasst.

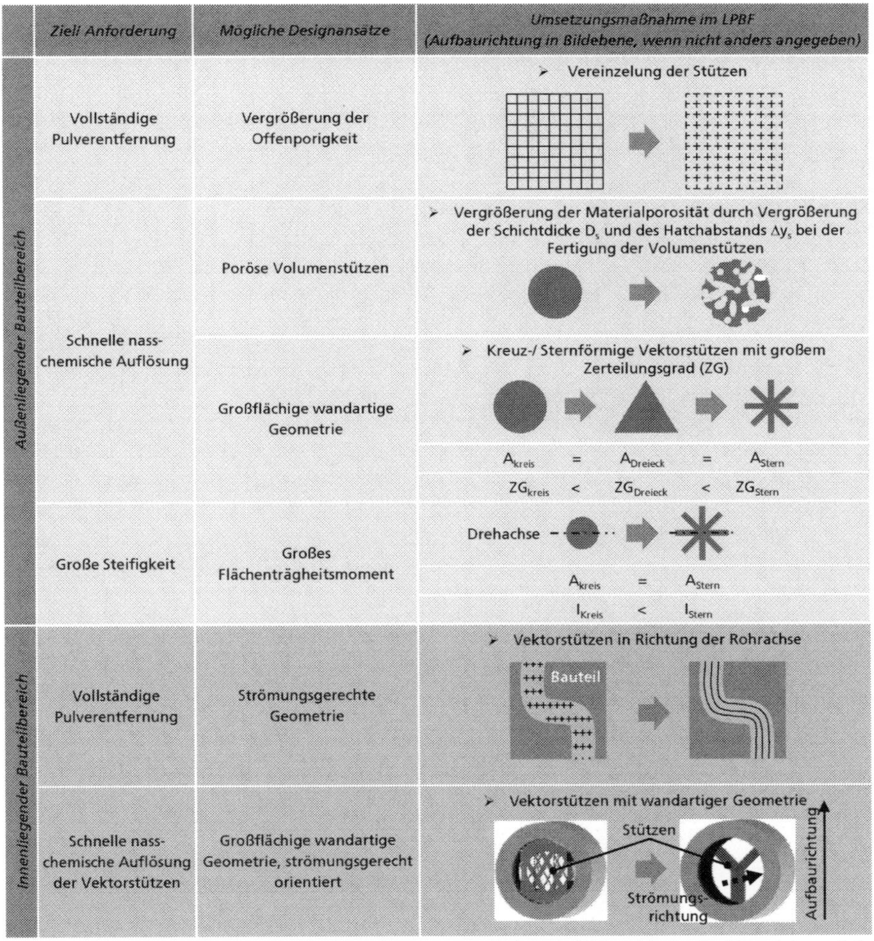

Bild 43: Ziele/ Anforderungen, mögliche Designansätze und Umsetzungsmaßnahmen im LPBF zur Adaption des Stützendesigns auf die nass-chemische Stützenentfernung

Die auf den geschilderten Umsetzungsmaßnahmen basierenden konkreten Stützendesigns werden in Bild 44 für die jeweiligen Bauteilbereiche dargestellt.

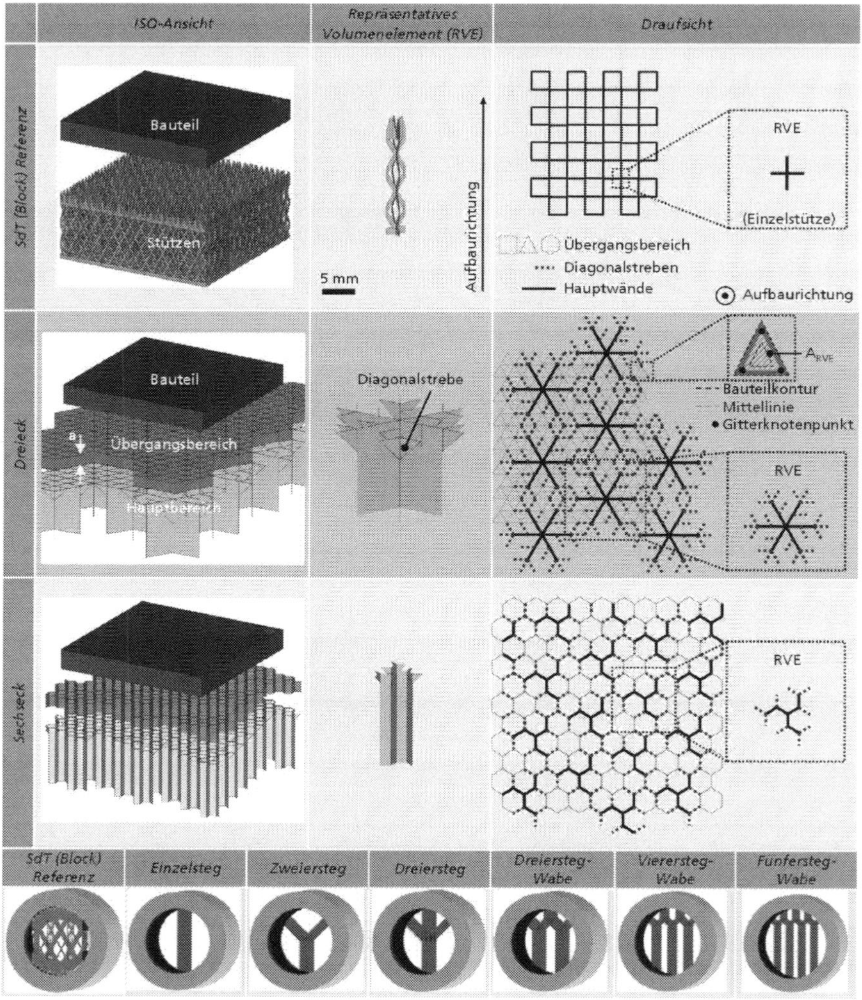

Bild 44: Stützendesigns für verschiedene Bauteilbereiche (o.: außenliegende Bauteilbereiche; u.: innenliegende Bauteilbereiche; RVE = Repräsentatives Volumenelement)

Die Vektorstützen für außenliegende Bauteilbereiche werden in verschiedene Bauteilbereiche aufgegliedert. Der Übergangsbereich wird ähnlich wie bei den SdT-Vektorstützen (Block) in einem regelmäßigen Gitter gestaltet. Dies soll ähnlich zu den Untersuchungen in [20] neben der Stabilisierung der einzelnen Stützen untereinander zur maßhaltigen Abbildung der Bauteilkontur im Fertigungsprozess beitragen. Anders als zum Stand der Forschung und Technik ist das Gitter nicht in einem quadratischen Muster, sondern in Dreieck- bzw. Sechseckmustern aufgebaut. Dies soll zusätzlich die Steifigkeit erhöhen. Im Anbindungsbereich zum Übergangsbereich sind die Stützen entweder direkt oder über eine Diagonalstrebe an diesen angebunden. Die Einzelstützen sind in der Schichtebene so verteilt, dass jeder Gitterknotenpunkt (Eckpunkte des Dreiecks bzw. Sechsecks) im Übergangsbereich mit einer Einzelstütze direkt oder über die Diagonalstrebe verbunden ist (s. Bild 44). Dies bewirkt einerseits, dass die einzelnen Stützen verhältnismäßig weit auseinander stehen können, wodurch die Pulverentfernbarkeit verbessert werden kann [15]. Auf der anderen Seite ist gemäß diesem Muster maximal die Kantenlänge einer Einheitszelle (Länge zwischen zwei Gitterknotenpunkten) ungestützt, was sich positiv auf die Fertigbarkeit der überhängenden Bauteiloberflächen auswirken kann. Die auf der Sechseck-förmigen Querschnittsfläche basierenden Stützen werden im Folgenden „Sechseckmuster" und die auf der Dreieck-förmigen Querschnittsfläche basierenden Stützen „Dreieckmuster" genannt. Die Vektorstützen nach dem Stand der Forschung und Technik werden der Einfachheit halber als „Quadratmuster" bezeichnet. Die im Folgenden erwähnte RVE-Querschnittsfläche A_{RVE} bezieht sich auf die theoretische Querschnittsfläche innerhalb der Mittellinien. Die Mittellinien verlaufen zwischen den Gitterknotenpunkten und beschreiben den Pfad des Mittelpunkts des Laserstrahls.

Zur schnelleren Auflösung von Volumenstützen soll die Porosität des Stützenmaterials vergrößert werden. Dadurch wird der Zerteilungsgrad vergrößert, wodurch ein schnellerer Materialabtrag ermöglicht wird. Der Materialabtrag ist dabei theoretisch umso größer, je größer die Offenporigkeit ist. Die größere Porosität bei den Volumenstützen wird durch die Anpassung diverser LPBF-Prozessparameter erzeugt (vgl. [9]). Durch die Vergrößerung von Schichtdicke D_s, Hatchabstand Δy_s, Scangeschwindigkeit v_s und Verkleinerung der Laserleistung P_L kann die Porosität vergrößert werden. Bis auf die Laserleistung wird dadurch gleichzeitig die Produktivität gesteigert, da mehr Material pro Zeit umgeschmolzen wird. Da größere Schichtdicken und Hatchabstände bei endlichen Geometrien zusätzlich den Wegfall ganzer Schmelzspuren bzw. Schichten bewirken und somit die Produktivitätssteigerung größer ist als bei Vergrößerung der Scangeschwindigkeiten, werden im Rahmen der Arbeit nur die Schichtdicke D_s und der Hatchabstand Δy_s angepasst.

7.2 Durchführung

Im Folgenden werden die in Kapitel 7.1 dargestellten Stützendesigns experimentell hinsichtlich der Effektivität und Effizienz beim Stützendesign, der Pulverentfernung sowie der nass-chemischen Stützenentfernung untersucht. Dazu werden Entpulverungs-, Entstützungs- und Maßhaltigkeitsversuche mit verschiedenen Probekörpern durchgeführt. Außenliegende Bauteilbereiche werden durch quaderförmige Probekörper (Quader) und innenliegende Bauteilbereiche durch kanalförmige Strukturen (Rohrsegment, Rohrbügel) repräsentiert. Die gestützten Oberflächen der Quader, Rohrsegmente und Rohrbügel sind parallel zur Substratplatte ausgerichtet, um möglichst ungünstige Orientierungen (Worst Case) hinsichtlich der Maßhaltigkeit zu untersuchen. Durch die Windungen der Rohrbügel wird ebenfalls ein für die Pulverentfernung ungünstiger Fall betrachtet. Alle Probekörper werden zur getrennten Untersuchung auf den in Bild 15 gezeigten kleineren Substratplatten aufgebaut. Als Maß für die Effektivität des Stützendesigns wird zunächst mittels visueller Sichtprüfung die fehlerfreie Fertigung hinsichtlich Verzug, Rissen und Delamination überprüft. Hinsichtlich der Effizienz der Stützendesigns werden, die aus dem 3D-CAD-Modell ermittelten, theoretischen Stützenmassen und in Kapitel 8 die Belichtungszeiten bestimmt. Die Effektivität und Effizienz der Pulverentfernung wird mithilfe der relativen Restpulvermengen in den Stützen nach der Entpulverung (s Kapitel 4.3) bestimmt. Zur Bewertung der Effektivität bei der Stützenentfernung wird die Vollständigkeit der Stützenentfernung mittels visueller Sichtprüfung und die Rauheit an zuvor gestützten Materialoberflächen herangezogen. Zusätzlich wird die Maßhaltigkeit einerseits repräsentativ am Bauteilverzug in Aufbaurichtung an den Quadern und andererseits an der Querschnittsabweichung der Rohrsegmente gemessen. Maß für die Effizienz der Stützenentfernung sind die Bearbeitungsdauer zur vollständigen Stützenentfernung und in Kapitel 8 die Geometrieabweichung am Bauteil sowie die Materialstärken. In Tabelle 10 sind die Bewertungskriterien für die Untersuchungen zum Stützendesign zusammengefasst.

Tabelle 10: Zusammenfassung der Bewertungs-kriterien bei den Untersuchungen zum Stützendesign

Bewertungskriterien	*Effektivität*	*Effizienz*
Stützendesign	▪ Visuelle Sichtprüfung (fehlerfreie Fertigung)	▪ Belichtungszeit ▪ Theoretische Stützenmasse
Pulverentfernung	▪ Relative Restpulvermenge nach Entpulverung	
Stützenentfernung	▪ Visuelle Sichtprüfung (vollständige Stützenentfernung) ▪ Rauheit an zuvor gestützter Materialoberfläche ▪ Maßhaltigkeit (Bauteilverzug, Querschnittsabweichung)	▪ Bearbeitungsdauer ▪ Materialstärke & Geometrieabweichung am Bauteil

Neben den unterschiedlichen Stützendesigns wird der Einfluss verschiedener Geometriegrößen auf die genannten Messgrößen untersucht. Bei den Entpulverungs- und Entstützungsversuchen mit den Quadern wird die Querschnittsfläche der repräsentativen Volumenelemente (RVE-Querschnittsfläche, A_{RVE}, s. Bild 44) im Übergangsbereich variiert. Um den Größeneinfluss der Quader sowie die Höhe des Übergangsbereichs a (s. Bild 44) auf den Verzug des Quaders zu bestimmen, werden bei den Maßhaltigkeitsversuchen zusätzlich die Querschnittsflächen und Dicken der Quader variiert. Für die Experimente mit den Quadern werden zwei verschiedene Varianten von Stützendesigns verwendet (s. Bild 45).

Bild 45: Schematische Darstellung der verschiedenen Probekörper-varianten am Beispiel der Dreieckmuster (l. Quader für Entpulverungs- & Entstützungsversuche, r. Quader für Verzugsversuche)

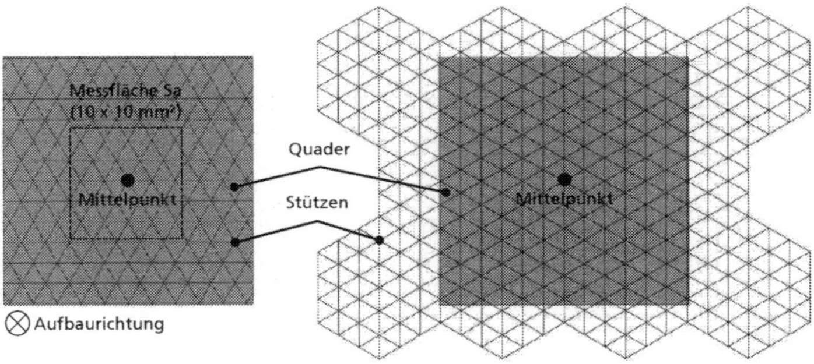

Für die Entpulverungs- und Entstützungsversuche sind die Stützen so konstruiert, dass das Stützenmaterial bündig mit der Quadergeometrie abschließt. Damit wird immer dieselbe gestützte Fläche verglichen. Da diese Konstruktion unvollständige RVE an den Rändern der Quadergeometrie bewirkt, welche das Verzugsverhalten des Quaders beeinflussen kann, wird eine zweite Variante von Stützen für die Verzugsversuche verwendet. Die Stützen sind so konstruiert, dass an den Rändern der Quadergeometrie vollständige RVE vorhanden sind. Auch wenn diese Variante aufgrund des größeren Stützen-Materialverbrauchs und einer größeren Fertigungszeit im Realfall ineffizient wäre, können somit Einflüsse durch unvollständige RVE eliminiert werden. Die RVE werden in Bezug auf die Quadergeometrie so positioniert, dass jeweils ein RVE in der Mitte der Quadergeometrie liegt.

Weiterhin werden Versuche zur Entwicklung von porösen Volumenstützen durch die Anpassung der LPBF-Prozessparameter durchgeführt. Dazu werden Probekörper aus der Aluminiumlegierung AlSi10Mg gefertigt. Durch die Vergrößerung der Materialporosität sollen die Volumenstützen ähnlich schnell wie SdT-Vektorstützen auflösbar sein und dabei mindestens die Belastbarkeit von SdT-Volumenstützen aufweisen. Um den Versuchsaufwand zu reduzieren, werden speziell konstruierte Flachzugproben (Multizugprobe) eingesetzt. Diese weisen drei Bereiche (Ätzprobe, Porositätsprobe, Zugprobe) auf, die jeweils für verschiedene Messungen verwendet werden (s. Bild 46). Die Materialporosität wird nach dem in Kapitel 4.5.1 erläuterten Schema aus dem Porositätsprobenteil ermittelt. Als Maß für die Auflösbarkeit der Stützen wird der relative Masseabtrag des Ätzprobenteils gemäß Kapitel 4.5.4 bestimmt. Die Belastbarkeit der Stützen wird mithilfe quasistaischer Zugversuche aus der ertragbaren Maximalkraft (F_m) des Zugprobenteils abgeleitet. Wie zuvor erwähnt, wird im Rahmen der Arbeit der Fokus auf die Vergrößerung der Schichtdicke D_s und des Hatchabstands Δy_s gelegt, da dies zusätzlich eine Produktivitätssteigerung bewirkt. Weiterhin werden die Anzahl der Schmelzspuren n_{Hatch} zur Fertigung der Volumenstützen variiert. Alle sonstigen LPBF-Prozessparameter bleiben konstant und werden von den werkstoff- und anlagenspezifischen LPBF-Prozessparametern für Vektorstützen (für die Einzelschmelzspuren) bzw. Volumenstützen gemäß Tabelle 8 übernommen. Zur statistischen Absicherung werden je LPBF-Prozessparameterkombination fünf Multizugproben gefertigt und die Ergebnisse gemittelt. Um den Einfluss unterschiedlicher Elektrolytmengen auf den Materialabtrag zu minimieren, wird je Versuch eine konstante Elektrolytmenge von V_{Lauge} = 100 ml eingesetzt. Die Ätzproben werden jeweils für eine Bearbeitungsdauer von t = 45 min in das Elektrolyt eingetaucht. Die Bearbeitungsdauer entspricht der Dauer nach der die Referenz-Ätzprobe (SdT-Vektorstütze, vgl. Kapitel 5) vollständig aufgelöst ist (Δm_{rel} = 100%). Im letzten Schritt der Untersuchungen zu den Volumenstützten wird anhand von Twincantilevern die Übertragbarkeit der entwickelten LPBF-Prozessparameter auf weitere Aluminiumlegierungen (AlSi9Cu3, AlSi12) ohne weitere Anpassung überprüft. In Bild 46 sind die jeweiligen Probekörper, variierten Geometriegrößen, Untersuchungen und Messgrößen aufgeführt. Die theoretische Stützenbreite wird aus der Anzahl der Scanvektoren, den Hatchabständen und der Schmelzspurbreite (s. Kapitel 4.2) abgeleitet.

		Probekörper [mm] & variierte Geometriegrößen	*Untersuchungen & Messgrößen*
Außenliegender Bauteilbereich	Quader	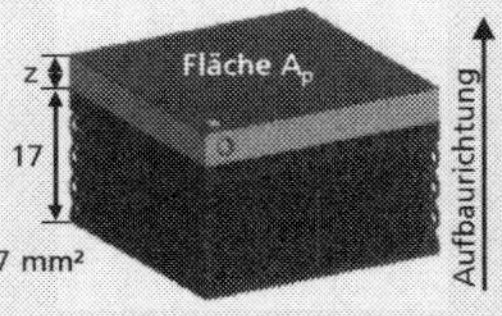 A_p = 40x40, 56,57x56,57 mm² z = 5, 10	Pulverentfernung ▪ Absolute & relative Restpulvermengen [g,%] Stützenentfernung ▪ Rauheit an gestützter Quaderfläche nach der Stützenentfernung [µm] ▪ Bearbeitungsdauer [min] ▪ (Temperaturverlauf [°C]) Maßhaltigkeit ▪ Bauteilverzug in Aufbaurichtung [µm]
	Multizugprobe	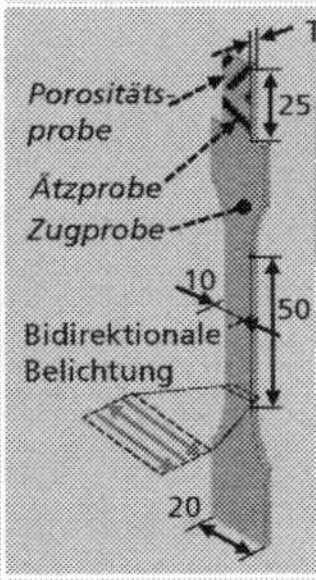 (siehe Tabelle unten)	Porosität ▪ Materialporosität [%] Stützenentfernung ▪ (Absoluter &) relativer Masseabtrag [g, %] Mechanische Eigenschaften ▪ Maximalkraft F_m [kN] ▪ (Zugfestigkeit R_m [MPa]) ▪ (Temperaturverlauf [°C])
	Twincantilever	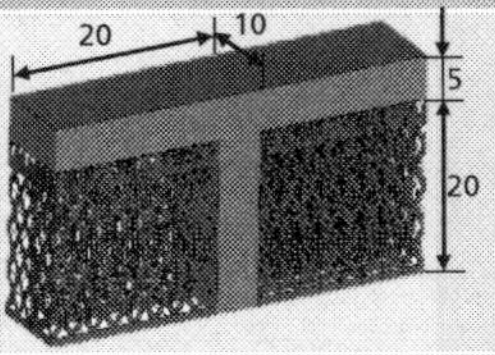	Stützenentfernung ▪ Visuelle Sichtprüfung ▪ Bearbeitungsdauer [min] ▪ Temperaturverlauf [°C]
Innenliegender Bauteilbereich	Rohr	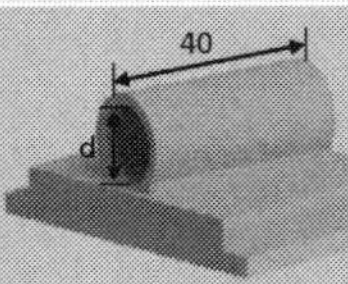 d = 4, 6, 8, 10, 15 Rohrwanddicke = konst. = 2	Pulverentfernung ▪ Absolute & relative Restpulvermengen [g,%] Stützenentfernung ▪ Bearbeitungsdauer [min] ▪ Rauheit an gestützter Innenoberfläche nach der Stützenentfernung [µm] Maßhaltigkeit ▪ Querschnittsabweichung [%]
	Rohrbügel	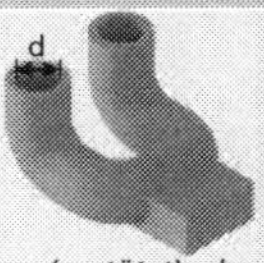 d = 4, 6, 8, 10, 15 Strömungskanallänge (gestützt) = konst. = 50	Pulverentfernung ▪ Absolute & relative Restpulvermengen [g,%] Stützenentfernung ▪ Visuelle Sichtprüfung

Schichtdicken D_s = 90, 120, 150 µm

n_{Hatch}	*Theo. Stützenbreite b [µm]*		
	Δy_s = 130	*160*	*190*
1	250*	250	250
2	380**	410	440
3	510**	570	630
8	1160**	1370	1580
12	1680**	2010	2340
15	2070**	2490	-
18	2460**	-	-

Bild 46: Schematische Darstellung der Probekörper, Untersuchungen und Messgrößen für die Untersuchungen zum Stützendesign (*SdT-Vektorstütze, **SdT-Volumenstützen)

7.3 Ergebnisse

Nachfolgend werden die Ergebnisse der experimentellen Untersuchungen getrennt nach Bauteilbereichen vorgestellt.

7.3.1 Außenliegende Bauteilbereiche

Wie in Kapitel 2.1 erläutert, müssen außenliegende Bauteilbereiche in der Regel mit einer Kombination aus Vektor- und Volumenstützen versehen werden. Für eine effektive und effiziente nass-chemische Stützenentfernung müssen daher sowohl die Vektor- und Volumenstützen angepasst werden. Im Nachfolgenden werden die Untersuchungsergebnisse für die verschiedenen Stützenarten vorgestellt.

7.3.1.1 Vektorstützen

In Bild 47 sind die gefertigten Quader für die Entpulverungs- und Entstützungsversuche in verschiedenen Ansichten dargestellt. Für die nass-chemische Stützenentfernung wird eine Elektrolytmenge von V_{Lauge} = 400 ml verwendet. Insbesondere die Quader mit der größten RVE-Querschnittsfläche (A_{RVE} = 20,25 mm²) sind in Aufbaurichtung hochgezogen. Ursache sind die unvollständigen Einzelstützen entlang der Quaderkanten. Durch die kleinere bzw. fehlende Anbindungsfläche in diesen Bereichen kann der Bauteilverzug in Aufbaurichtung infolge der thermisch induzierten Spannungen nicht unterbunden werden (s. Bild 47, A_{RVE} = 6,25 mm²). Da der Einfluss des Bauteilverzugs der Quader auf die Entpulverungs- und Entstützungseigenschaften vermutlich nicht dominierend ist, können die fehlerhaft gefertigten Quader dennoch für die Untersuchungen genutzt werden. Nach der Entnahme aus der LPBF-Anlage befinden sich nach visueller Sichtprüfung unterschiedliche Restpulvermengen zwischen den Stützen (s. Bild 47). Zur Quantifizierung der Restpulvermengen werden die Probekörper nach jedem Entpulverungsschritt gemäß den Erläuterungen in Kapitel 4.5.4 gewogen.

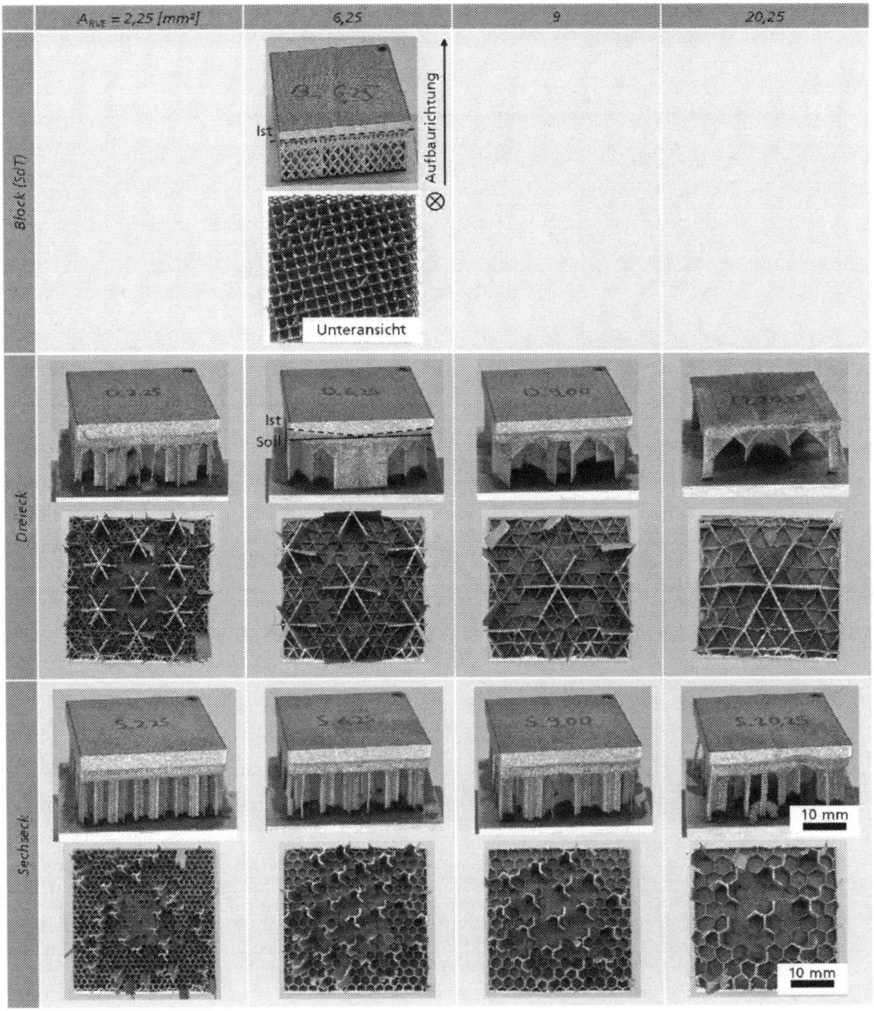

Bild 47: LPBF-gefertigte Quader mit verschiedenen Stützen und RVE-Querschnittsflächen für die Entpulverungsversuche (Auszug; o. Blockstützen (SdT), m. Dreieckmuster, u. Sechseckmuster)

In Bild 48 sind die absoluten Restpulvermengen in den Stützen nach den verschiedenen Entpulverungsschritten bei unterschiedlichen Stützendesigns und RVE-Querschnittsflächen wiedergegeben.

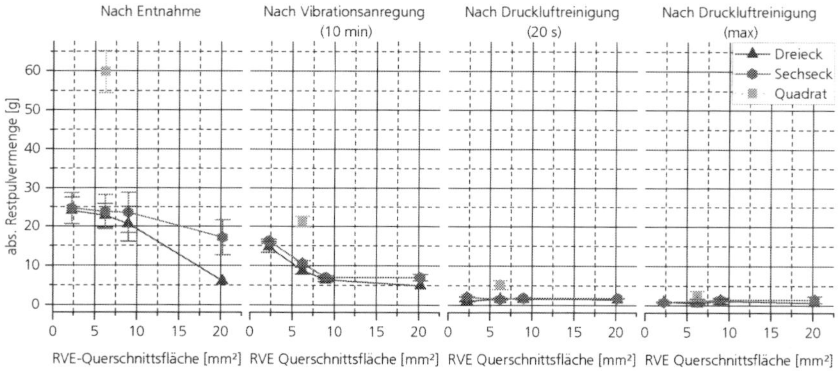

Bild 48: Absolute Restpulvermengen in den Quadern bei verschiedenen Entpulverungsschritten

Nach der Entnahme befinden sich in den Stützen unterschiedliche Restpulvermengen (s. Bild 48, links). Erwartungsgemäß ist in den Stützen mit größerer RVE-Querschnittsfläche tendenziell weniger Restpulver vorhanden. Bereits nach der Entnahme aus der LPBF-Anlage befindet sich bei allen Quadern mit Dreieckmuster weniger Pulver zwischen den Stützen als bei den anderen Stützendesigns. Im ersten Schritt der Entpulverungsversuche werden die Quader für jeweils $t = 10$ min mittels Vibrationsanregung in Schwingung versetzt. Mithilfe der Vibrationsanregung können die Restpulvermengen um ca. 63% beim Sechseckmuster und um ca. 59% beim Dreieck verkleinert werden. Beim Quadratmuster verkleinert sich die Restpulvermenge um ca. 64% bei einer RVE-Querschnittsfläche von A_{RVE} =6,25 mm². Beim Dreieck- und Sechseckmuster werden die absoluten Restpulvermengen nach der Vibrationsanregung mit größerer RVE-Querschnittsfläche kleiner. Nach der Druckluftreinigung (Bearbeitungsdauer $t = 20$ s) liegen die absoluten Restpulvermengen bei den neuen Stützendesigns und RVE-Querschnittsflächen in etwa konstant unterhalb von ca. $\Delta m_{abs} = 2{,}5$ g für alle untersuchten RVE-Querschnittsflächen. Nach der ersten Druckluftreinigung für eine Bearbeitungsdauer von $t = 20$ s werden die Probekörper solange mit Druckluft gereinigt, bis visuell kein Restpulver mehr aus den Stützen ausströmt. Nach diesem Entpulverungsschritt beträgt die absolute Restpulvermenge beim Quadratmuster unverändert ca. $\Delta m = 2{,}5$ g. Für alle Varianten des Dreieck- und Sechseckmusters sind die Restpulvermengen unterhalb von ca. $\Delta m_{abs} = 1{,}5$ g. Beim Dreieckmuster verbleibt gegenüber dem Quadratmuster durch die offenporige Struktur und kleinere Gesamtoberfläche, an denen Pulverpartikel anhaften können, weniger Restpulver zwischen den Stützen. Daher beträgt hier die absolute

Restpulvermenge bei gleicher RVE-Querschnittsfläche von A_{RVE} = 6,25 mm² nur etwa ein Fünftel (Δm_{abs} = 0,5 g) im Vergleich zum Quadratmuster.

Je nach Stützendesign und RVE-Querschnittsflächen sind die maximalen Restpulvermengen, die sich in den Stützen befinden können, unterschiedlich. Für den relativen Vergleich der Stützendesigns werden die Ergebnisse nach der Vibrationsanregung herangezogen, da alle Quader bei der Pulverentfernung mittels Vibrationsanregung einem identischen Zyklus unterworfen werden. Bei den anderen Entpulverungsschritten hingegen, können Effekte, die durch die manuelle Bearbeitung eingebracht werden, das Bearbeitungsergebnis beeinflussen. In Bild 49 sind die relativen Restpulvermengen in den Stützen, die Bearbeitungsdauer zum Entstützen und die Rauheit nach der nass-chemischen Stützenentfernung für die verschiedenen RVE-Querschnittsflächen und Stützendesigns dargestellt. Die relativen Restpulvermengen werden in diesem Fall auf die theoretischen Gesamt-Restpulvermassen normiert und um die unterschiedlichen zur Verfügung stehenden Prüfvolumen mit einem Faktor f_{kor} gemäß Formel 7.1 korrigiert.

7.1 Korrekturfaktor:

$$f_{kor}\ [-] = (V_{Gesamt\_theo} - V_{Stützen\_theo}) / V_{Gesamt\_theo} = V_{Prüf\_theo} / V_{Gesamt\_theo}$$

$V_{Prüf\_theo}$ = theoretisches Prüfvolumen
V_{Gesamt_theo} = theoretisches Gesamtvolumen des gestützen Bereichs
$V_{Stützen\_theo}$ = theoretisches Stützenvolumen innerhalb des Gesamtvolumens

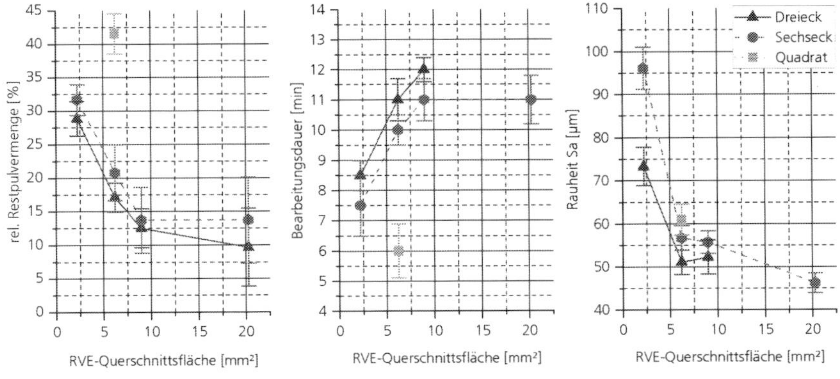

Bild 49: Relative Restpulvermengen nach der Vibrationsanregung (normiert, korrigiert), Bearbeitungsdauer zur nass-chemischen Stützenentfernung und Rauheit nach der nass-chemischen Stützenentfernung der untersuchten Quader (Bearbeitungsdauern und Rauheiten zu Quadern mit Dreieckmuster (A_{RVE} = 20,25 mm²) aufgrund fehlerhafter Fertigung nicht aufgeführt)

Die Bearbeitungsdauer zur nass-chemischen Stützenentfernung und Rauheit nach der nass-chemischen Stützenentfernung der Quader mit dem Dreieckmuster und der RVE-Querschnittsfläche (A_{RVE} = 20,25 mm²) können aufgrund der fehlerhaften Fertigung nicht bestimmt werden.

Das Dreieckmuster weist bei allen RVE-Querschnittsflächen die kleinsten relativen Restpulvermengen auf. Im Vergleich zur Referenz (Quadratmuster, A_{RVE} = 6,25 mm²) befinden sich nach der Vibrationsanregung beim Dreieckmuster mit derselben RVE-Querschnittsfläche ca. 59% weniger Restpulver in den Stützen. Unter Vernachlässigung der RVE-Querschnittsfläche kann mittels der Verwendung der neuen Stützendesigns eine Effektivitätssteigerung der Pulverentfernung von ca. 24% bis 77% im Vergleich zum SdT-Stützendesign erreicht werden. Die Restpulvermengen sind bei jeder RVE-Querschnittsfläche im betrachteten Versuchsfeld beim Dreieckmuster am kleinsten verglichen mit den anderen Stützendesigns.

Für die Entstützungsversuche werden alle Quader vollständig von Restpulver befreit, um den Einfluss von Restpulver zu eliminieren und lediglich den Einfluss des Stützendesigns untersuchen zu können. Somit kann die Effektivität und Effizienz bei Verwendung der neuen Stützendesigns gegenüber des SdT-Stützendesigns bei der nass-chemischen Stützenentfernung zur unteren Grenze abgeschätzt werden. Die untere Grenze bezieht sich auf den Idealzustand, bei dem zwischen den Stützen kein Restpulver mehr vorhanden ist. Im Realfall verbleibt zwischen den Stützen Restpulver (s. Bild 48), welches mit größerer Menge die Effektivität der Stützenentfernung verkleinert.

Die Bearbeitungsdauer zur vollständigen Stützenentfernung ist bei allen untersuchten neuen Stützendesigns (Dreieck-, Sechseckmuster) größer verglichen mit dem SdT-Stützendesign (Quadratmuster). Die Bearbeitungsdauer ist mit größerer RVE-Querschnittsfläche größer. Ursache hierfür ist die mit größerer RVE-Querschnittsfläche kleinere Stützenmasse und damit auch bei Vektorstützen kleinere Materialoberfläche. Die aus den CAD-Daten berechneten theoretischen Stützenmassen sind in Bild 50, links oben wiedergegeben. Mit kleinerer Stützenmasse verkleinert sich die Temperaturvergrößerung bei der chemischen Reaktion (s. Bild 50, oben rechts).

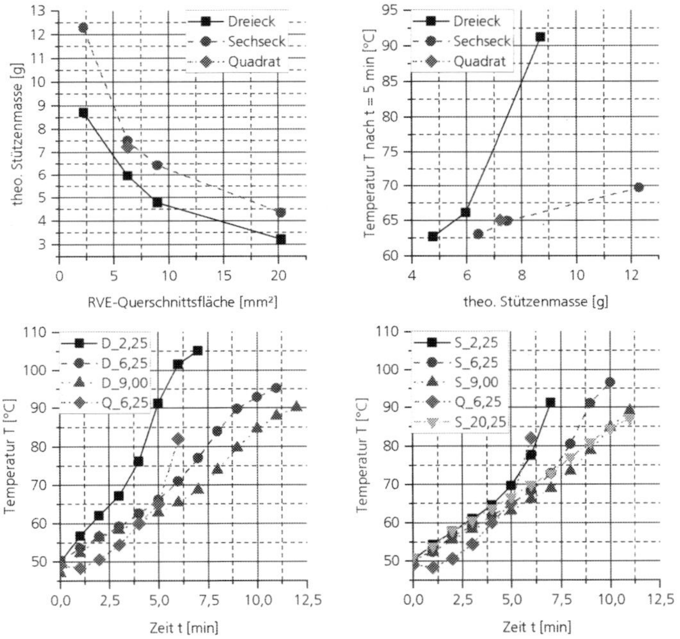

Bild 50: Theoretische Stützenmassen (oben links), Temperatur nach t = 5 min (oben rechts) und exemplarische Temperaturverläufe bei der nass-chemischen Stützenentfernung der verschiedenen Stützendesigns (unten, Bezeichnung: Muster_RVE-Querschnittsfläche [mm²])

Mit kleinerer Temperaturerhöhung verkleinert sich ebenfalls der zeitliche Masseabtrag und die Bearbeitungsdauer zur nass-chemischen Stützenentfernung verlängert sich. So bewirkt gemäß van't Hoff Regel eine Temperaturverkleinerung um je $\Delta T = 10°C$ in etwa eine Verkleinerung der Reaktionsgeschwindigkeit um das Zwei- bis Vierfache [52], unter Vernachlässigung des Einflusses der Gasentwicklung und Abfuhr von Reaktionsprodukten. Die kleinste Bearbeitungsdauer bei den neuen Stützendesigns wird in den in dieser Arbeit durchgeführten Versuchen mit dem Sechseckmuster bei einer RVE-Querschnittsfläche von $A_{RVE} = 2{,}25$ mm² erreicht. Bei gleicher RVE-Querschnittsfläche ($A_{RVE} = 6{,}25$ mm²) ist die Bearbeitungsdauer der Sechseckmuster ca. 67% größer und bei den Dreieckmustern ca. 83% größer. In der Praxis könnte diesem Nachteil mittels Parallelisierung der Bearbeitung entgegengewirkt werden, in dem pro Charge mehr Bauteile bearbeitet werden. Die Bearbeitungsdauer der Quadratmuster müsste aufgrund der Stützenmasse zwischen den Bearbeitungsdauern der beiden Muster liegen. Jedoch können weitere Einflüsse, wie die Gasentwicklung und Abfuhr von Reaktionsprodukten die Ergebnisse beeinflussen. Welche Ursache dieser Effekt hat, wird im Rahmen der Arbeit nicht untersucht und bedarf weiterer Forschung.

Mit größerer RVE-Querschnittsfläche verkleinert sich die Rauheit der zuvor gestützten Quaderoberfläche (s. Bild 49, rechts). Verglichen mit dem Quadratmuster sind die Rauheiten aller Varianten der Dreieck- und Sechseckmuster geringer bei RVE-Querschnittsflächen $A_{RVE} > 6{,}25\ mm^2$. Bei gleicher RVE-Querschnittsfläche ($A_{RVE} = 2{,}25\ mm^2$) bewirkt das Dreieckmuster gegenüber der Referenz (Quadratmuster, $A_{RVE} = 6{,}25\ mm^2$) eine Rauheitsverkleinerung von ca. 16%. Die Rauheiten mit den kleinsten untersuchten RVE-Querschnittsflächen ($A_{RVE} = 2{,}25\ mm^2$) sind größer als bei der Referenz, obwohl die größere Anbindungsfläche weniger Ansinterungen und damit eine kleinere Rauheit vermuten ließe. Der Grund hierfür sind verbliebene Stützenreste im Übergangsbereich, welche vermutlich durch das engmaschige Muster und die Gasbildung nicht vollständig mit Elektrolyt benetzt und abgetragen werden können. Die in Bild 51 gezeigten Aufnahmen zur Oberflächenmorphologie der Quaderoberflächen nach der nass-chemischen Stützenentfernung verdeutlichen die verbliebenen Stützenfragmente. Die den Falschfarbenaufnahmen zugrunde gelegte Referenzebene liegt in der Mittelebene des Messfeldes zwischen allen gemessenen negativen und positiven Abweichungen.

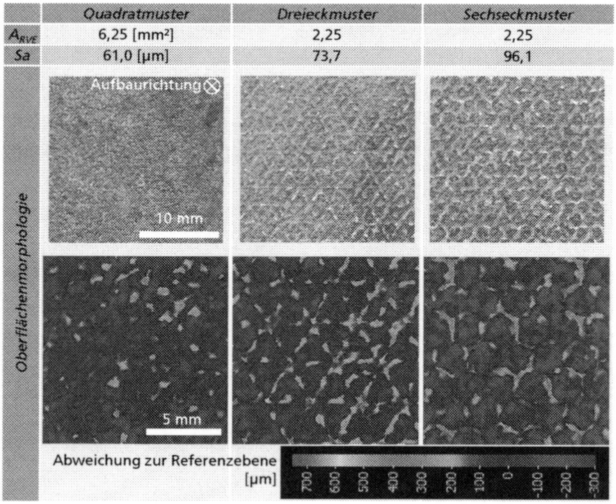

Bild 51: Oberflächenmorphologien der Quaderoberflächen nach der nass-chemischen Stützenentfernung bei verschiedenen Stützendesigns (o. Fotoaufnahme, u. Falschfarbenaufnahme)

Durch die Verkleinerung der Rauheiten ab einer RVE-Querschnittsfläche von $A_{RVE} = 6{,}25\ mm^2$ trägt das neue Stützendesign gegenüber dem SdT-Stützendesign zur Effektivitätssteigerung bei der nass-chemischen Stützenentfernung bei außenliegenden Bauteilbereichen bei. Bei gleicher RVE-Querschnittsfläche

(A_{RVE} = 6,25 mm²) ist die Rauheit der Sechseckmuster ca. 7% und bei den Dreieckmustern ca. 16% kleiner. Geometrische Einflüsse (Gasentwicklung, Benetzbarkeit, Anbindungsfläche) sowie thermische Einflüsse (Wärmeübertragung → Ansinterungen) könnten die Ursache für diesen Zusammenhang sein, werden jedoch in dieser Arbeit nicht weiter untersucht.

Für die weiterführenden Maßhaltigkeitsversuche werden die Stützendesigns mit einer RVE-Querschnittsfläche von A_{RVE} = 6,26 mm² untersucht. Um den Einfluss verschiedener Quaderquerschnittsflächen A_P und –dicken z (s. Bild 46) auf den Bauteilverzug in Aufbaurichtung bei den verschiedenen Stützendesigns zu untersuchen, werden die in Bild 52 exemplarisch gezeigten Quader verwendet. Zusätzlich wird der Einfluss der Höhe des Übergangsbereichs a (s. Bild 44) auf den Bauteilverzug der Quader ermittelt.

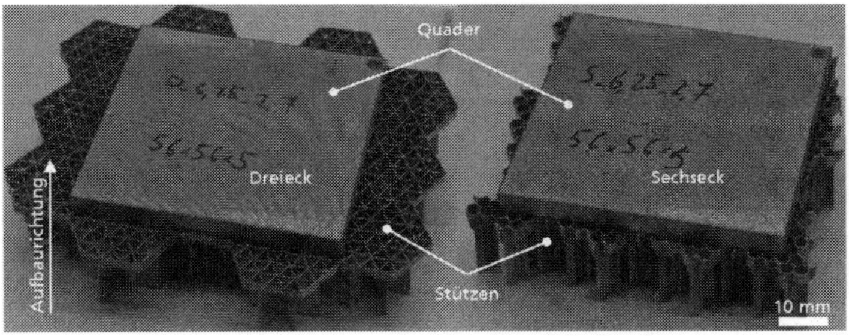

Bild 52: LPBF-gefertigte Quader für die Maßhaltigkeitsversuche (Auszug, A_P = 56x56 mm², z = 5 mm)

Der Bauteilverzug in Aufbaurichtung wird nach der nass-chemischen Stützenentfernung an der zuvor gestützten Materialoberfläche gemäß Kapitel 4.5.5 mittels 3D-Vermessung bestimmt.

Die Bauteilverzüge in Aufbaurichtung (i.A., s. Bild 47) bei den unterschiedlichen Stützendesigns in Abhängigkeit verschiedener Geometriegrößen sind in Bild 53 dargestellt.

Bild 53: Bauteilverzug in Aufbaurichtung verschiedener Stützendesigns bei verschiedenen Quaderquerschnittsflächen A_P, Quaderdicken z, Höhen des Übergangsbereichs a

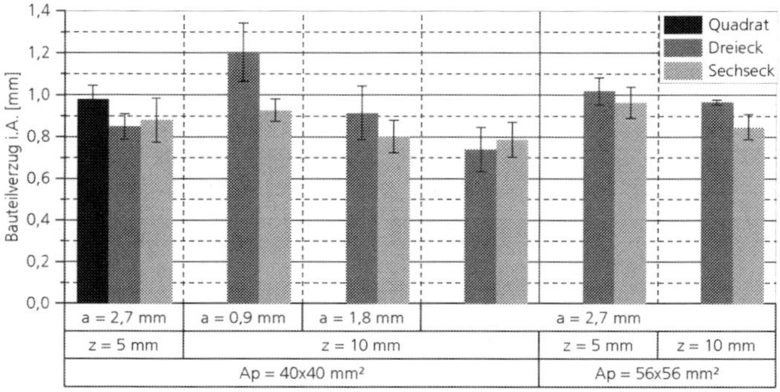

Der Bauteilverzug ist beim Quadratmuster gegenüber den neuen Stützendesigns bei ansonsten gleichen Parametern (a = 2,7 mm, z = 5 mm, A_P = 40x40 mm) größer. Der kleinste Bauteilverzug wird hier mit dem Dreieckmuster erreicht (ca. 0,85 mm). Das entspricht einer Verkleinerung von ca. 13% im Vergleich zum SdT-Stützendesign. Bei konstanter Quadergröße (A_P = 40x40 mm², z = 10 mm) tritt mit größerer Übergangshöhe a ein kleinerer Bauteilverzug auf. Die Höhe des Übergangsbereichs beeinflusst somit die Steifigkeit der Stützen und sollte tendenziell groß sein. Mit größerer Quaderdicke z werden die Abweichungen zur Soll-Geometrie der Quader bei beiden neuen Stützendesigns kleiner. Dies liegt an der größeren Steifigkeit des Quaders gegenüber einer Verformung mit größerer Quaderdicke [9].

Das neue Stützendesign trägt zur Effektivitäts- und Effizienzsteigerung im Vergleich zum Stand der Forschung und Technik bei. Dabei sind die Eigenschaften der Stützen insbesondere von der RVE-Querschnittsfläche abhängig. Bei der Auswahl einer geeigneten RVE-Querschnittsfläche muss jedoch ein Zielkonflikt gelöst werden. In Bild 54 sind die Zusammenhänge zwischen den untersuchten Eigenschaften und der RVE-Querschnittsfläche exemplarisch sowie eine Bewertung der Stützendesigns wiedergegeben.

Bild 54: Zusammenhang zwischen den untersuchten Eigenschaften und der RVE-Querschnittsfläche sowie Bewertung der Stützendesigns (+ = besser, o = mittel, - = schlechter)

Eigenschaft		Quadrat	Dreieck	Sechseck
RVE-Querschnittsfläche	steigend ↗			
Restpulvermenge	fallend ↘	-	+	o
Rauheit (Sa)	fallend ↘	-	+	o
Bauteilverzug i.A.	steigend ↗	-	+	o
Stützen-Materialverbrauch	fallend ↘	o	+	-
Bearbeitungsdauer	steigend ↗	+	-	o

Mit größerer RVE-Querschnittsfläche verkleinern sich die Restpulvermengen infolge der offenporigeren Struktur und damit leichteren Pulverentfernbarkeit. Zusätzlich verkleinert sich der Stützen-Materialverbrauch und die Rauheit infolge der kleineren Anzahl an Stützenresten pro Oberfläche. Dagegen vergrößert sich der Bauteilverzug infolge der kleineren Anbindungsflächen. Weiterhin wird die Bearbeitungsdauer zur Stützenentfernung infolge der kleineren benetzbaren Stützenoberflächen und damit kleineren Temperaturanstiege größer. Einen guten Kompromiss aus kleiner Restpulvermenge, Rauheit, Bauteilverzug und Materialverbrauch stellt das Dreieckmuster mit einer RVE-Querschnittsfläche von A_{RVE} = 6,25 mm² und Übergangshöhe a = 2,7 mm dar (s. Bild 54). Die größere Bearbeitungsdauer gegenüber den anderen Stützendesigns ist durch die Möglichkeit zur parallelisierten Bearbeitung weniger relevant. Daher wird dieses Stützendesign weiterführend in der Anwendungserprobung untersucht.

7.3.1.2 Volumenstützen

In Bild 55 sind auszugsweise die LPBF-gefertigten Multizugproben aus der Aluminiumlegierung AlSi10Mg zur Untersuchung der Volumenstützen dargestellt. Bis auf Multizugproben mit einer Anzahl an Scanvektoren von n_{Hatch} = 1 - 3 können alle Probekörper ohne Prozessabbruch gefertigt werden. Das Umbiegen der Probekörper durch die mechanische Einwirkung der Pulverbeschichtungseinheit während des Fertigungsprozesses ist ursächlich für die fehlerhaften Probekörper.

Bild 55: LPBF-gefertigte Multizugproben für die Untersuchung der Volumenstützen (Auszug)

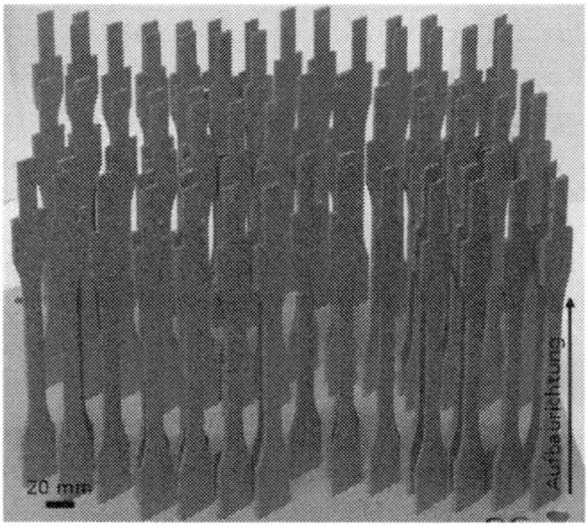

Für die Ermittlung der Materialporositäten werden die Porositätsproben (s. Bild 46) gemäß dem Vorgehen in Kapitel 4.5.1 metallografisch präpariert und untersucht. In Bild 56 sind exemplarische Querschliffaufnahmen der Porositätsprobenteile bei verschiedenen Schichtdicken D_s und Hatchabständen Δy_s dargestellt ($n_{Hatch} = 12$).

Bild 56: Querschliffaufnahmen der Porositätsprobenteileaufgebaut mit verschiedenen Schichtdicken D_s und Hatchabständen Δy_s (Auszug, $n_{Hatch} = 12$, Blickrichtung: schmale Seite, vgl. Bild 23)

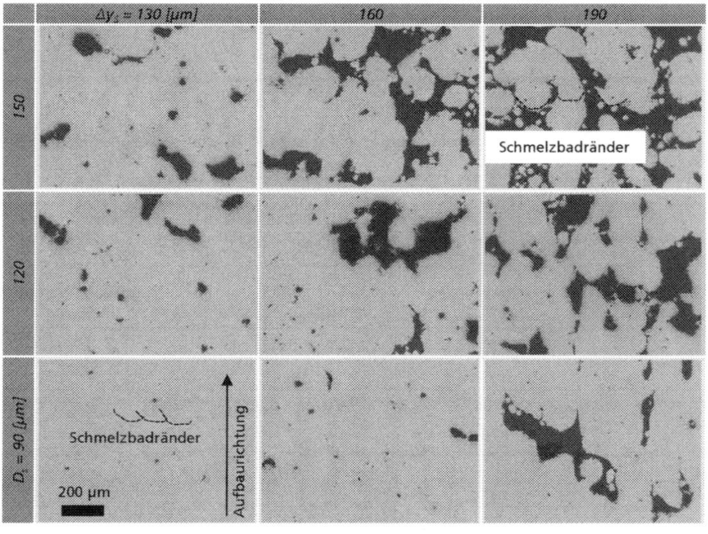

Die Materialporosität vergrößert sich mit größerer Schichtdicke D_s und Hatchabstand Δy_S. Ursache hierfür ist der kleinere Energieeintrag (Volumenenergie bei den SdT-Volumenstützen E_{V_SdT} = 20,72 J/mm³, Volumenenergie bei den porösen Volumenstützen $E_{V\_porös}$ = 8,5-15,6 J/mm³), welcher ein unvollständiges Aufschmelzen bewirkt. Insbesondere bei der LPBF-Prozessparameterkombination aus D_s = 150 µm und Δy_s = 190 µm ist dies anhand der nicht vollständig aufgeschmolzenen angesinterten Pulverpartikel zu erkennen (s. Bild 56, oben rechts).

Alle Ätzproben (s. Bild 46) werden nach den Erläuterungen in Kapitel 4.4 für eine Bearbeitungsdauer von t = 45 min nass-chemisch behandelt (V_{Lauge} = 100 ml). Die Ätzproben bei verschiedenen Schichtdicken D_s und Hatchabständen Δy_s sind auszugsweise für eine Anzahl an Scanvektoren von n_{Hatch} = 12 in Bild 57 visualisiert.

Bild 57: Nass-chemisch behandelte Ätzproben bei verschiedenen Schichtdicken D_s und Hatchabständen Δy_s (Auszug, n_{Hatch} = 12)

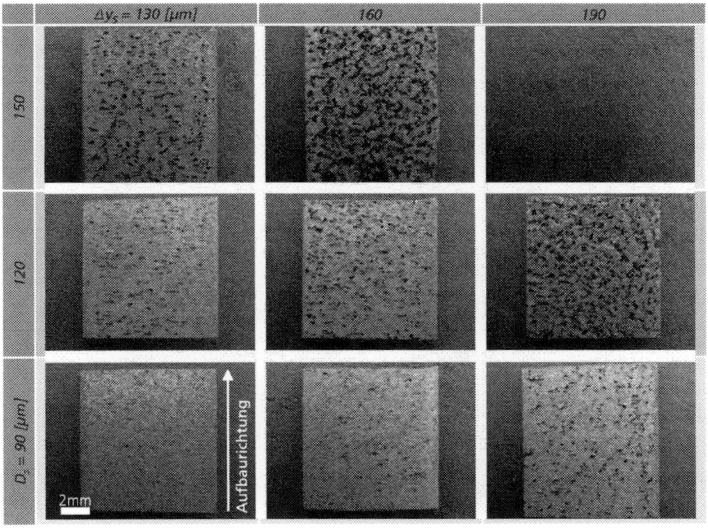

Mit größerer Schichtdicke D_s und Hatchabstand Δy_s, d.h. tendenziell größerer Materialporosität lässt sich in der visuellen Sichtprüfung der nass-chemisch behandelten Ätzproben eine größere Zerklüftung der Materialoberfläche erkennen (s. Bild 57, oben mittig). Diese lässt auf einen größeren Masseabtrag hindeuten. Die dunkle Färbung der Probekörper resultiert aus der zurückgebliebenen Siliziumschicht (vgl. Kapitel 5.1). Die Quader mit der größten Materialporosität (Φ = 26,6 %) sind nach der Bearbeitungsdauer von t = 45 min vollständig aufgelöst.

In Bild 58 sind die Materialporositäten, relativen Masseabträge und Maximalkräfte pro Stütze der Multizugproben aufgebaut mit verschiedenen LPBF-Prozessparametern wiedergegeben. Ergänzend sind in Bild 90 im Anhang der jeweilige absolute Masseabtrag und die Zugfestigkeit der Multizugproben dargestellt.

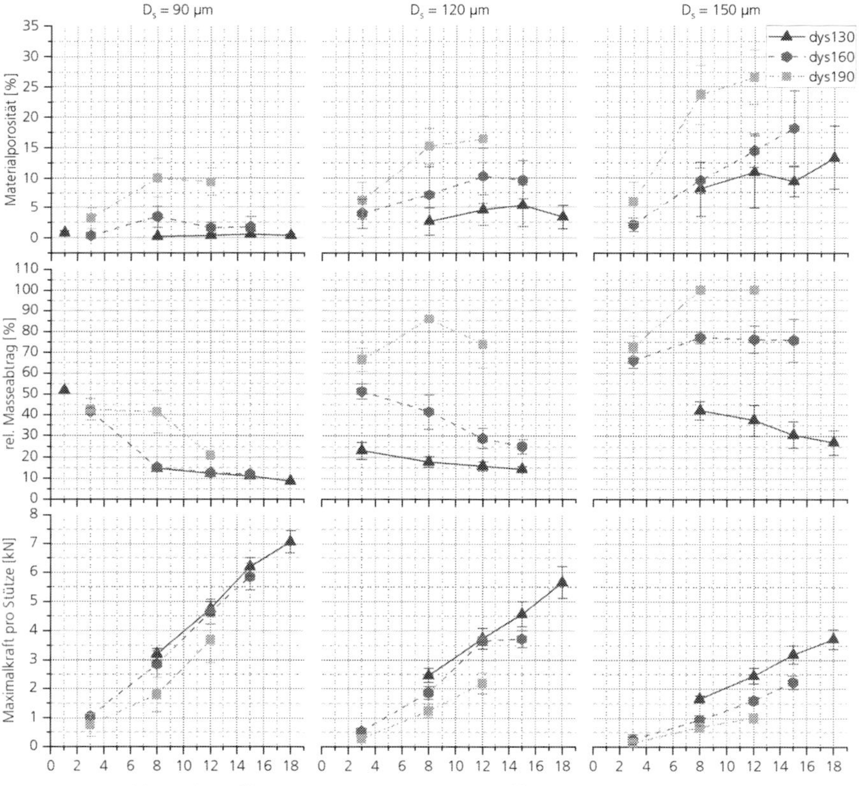

Bild 58: Materialporositäten, relative Masseabträge und Maximalkräfte pro Stütze der Multizugproben aufgebaut mit verschiedenen LPBF-Prozessparametern

Die aus den Querschliffaufnahmen hervorgehenden Trends in Bild 56 spiegeln sich auch in den Diagrammen in Bild 58 wieder. Die Anzahl der Scanvektoren und damit die Dicke der Probekörper hat Einfluss auf die Materialporosität. Mit größerer Dicke der Probekörper vergrößert sich tendenziell die Materialporosität bei ansonsten gleichen LPBF-Prozessparametern. Während der Einfluss bei den

Probekörper mit kleiner Schichtdicke (D_s = 90 µm) nur klein ist, ist bei der größten gewählten Schichtdicke (D_s = 150 µm) ein größerer Einfluss zu erkennen. Ähnlich ist dieser Einfluss bei den Hatchabständen zu erkennen. Ursache hierfür sind die mit größerer Schichtdicke und Hatchabstand weiter auseinanderliegenden Schmelzbäder, welche die Materialporosität infolge unzureichender stoffschlüssiger Verbindung bewirken. Durch die größere Anzahl an Schmelzspuren mit größerer Dicke wird auch die Anzahl an Fehlstellen und entsprechend die Materialporosität größer. Während die Materialporosität der SdT-Vektor- und Volumenstützen unterhalb von einem Prozent (Φ < 0,85 %) liegen, können durch mit den neu entwickelten LPBF-Prozessparameterkombinationen Werte von ca. Φ = 26,6 % erreicht werden.

Die relativen Masseabträge (s. Bild 57) sind ebenfalls von den LPBF-Prozessparametern abhängig. Verglichen mit der nass-chemisch behandelten Einzelspurwand vom Vorversuch in Kapitel 5 ist eine vergleichbare Ätzprobe (entspricht SdT-Vektorstütze, n_{hatch} = 1, D_s = 90 µm, Δy_s = 130 µm) in den vorliegenden Untersuchungen erst ca. zur Hälfte aufgelöst. Ursache sind die unterschiedlichen Elektrolytmengen, die bei den jeweiligen Versuchen eingesetzt wurden und dem damit verbundenen kleineren Temperaturanstieg sowie zeitlichen Masseabtrag. Die Ätzproben, die mit den LPBF-Prozessparametern zur Fertigung von SdT-Volumenstützen gefertigt sind (n_{hatch} > 1, D_s = 90 µm, Δy_s = 130 µm), weisen je nach Anzahl an Scanvektoren einen relativen Masseabtrag von ca. Δm_{rel} = 10 % (n_{hatch} = 18) bis Δm_{rel} = 42 % (n_{hatch} = 3) auf (s. Bild 58). Relative Masseabträge von Δm_{rel} > 50 % werden bei den Volumenstützen (n > 1) bei Schichtdicken von D_s = 120 µm ab Hatchabständen von Δy_s = 190 µm und bei Schichtdicken von D_s = 150 µm bereits ab Hatchabständen von Δy_s = 160 µm für jede Anzahl an Scanvektoren erzielt. Ab n_{Hatch} = 8 Scanvektoren sind bei der LPBF-Prozessparameterkombination D_s = 150 µm und Δy_s = 190 µm die Ätzproben vollständig (Auflösungsgrad Δm_{rel} = 100 %) aufgelöst.

Bei den Zugversuchen können bis auf wenige Ausnahmen alle Zugproben ausgewertet werden. Die Zugproben, die aus einer bzw. drei Schmelzspuren und mit LPBF-Prozessparametern nach dem Stand der Forschung und Technik gefertigt werden, können nicht ausgewertet werden. Aufgrund der kleinen Dicke bewirkt die mechanische Einwirkung der Pulverauftragseinheit den vorzeitigen Abriss der entsprechenden Multizugproben von der Substratplatte. In Bild 58 sind die Ergebnisse der Zugversuche (Maximalkraft pro Stütze) aufgezeigt. Die Maximalkräfte vergrößern sich annähernd linear mit zunehmender Zugprobendicke. Um mindestens die Maximalkraft der SdT-Volumenstützen (ca. F_m = 3 kN - 7 kN) mit porösen Volumenstützen zu erreichen, müssen die porösen Volumenstützen breiter gestaltet werden.

Für eine Effizienzsteigerung hinsichtlich einer schnelleren nass-chemischen Auflösung von Volumenstützen muss bei der Auswahl geeigneter LPBF-Prozessparameter ein Zielkonflikt gelöst werden (s. Bild 59).

Bild 59: Tendenzen verschiedener Eigenschaften in Abhängigkeit der Anzahl der Scanvektoren, Schichtdicke & Hatchabstand

Eigenschaft	*Anzahl Scanvektoren* n_{Hatch}	*Schichtdicke* D_s	*Hatchabstand* Δy_s
	steigend ↗	steigend ↗	steigend ↗
Materialporosität	steigend ↗	steigend ↗	steigend ↗
Relativer Masseabtrag	fallend ↘	steigend ↗	steigend ↗
Maximalkraft pro Stütze	steigend ↗	fallend ↘	fallend ↘

Mit größerer Schichtdicke und größerem Hatchabstand können die Materialporosität und die relativen Masseabträge infolge der nicht vollständig stoffschlüssig miteinander verbundenen Schmelzspuren vergrößert werden. Die Fehlstellen fördern jedoch die Kerbwirkung, wodurch die Maximalkraft pro Stütze kleiner wird. Bei der Anzahl an Scanvektoren gilt ein umgekehrter Zusammenhang. Aufgrund der größeren Dicke und damit Querschnittsfläche vergrößert sich die Maximalkraft pro Stütze und der Masseabtrag verkleinert sich. Ursache hierfür ist die begrenzte Offenporigkeit und damit Benetzbarkeit des porösen Materials. Prinzipiell kann durch die Verwendung poröser, aber dickerer Volumenstützen eine ähnliche Maximalkraft zu SdT-Volumenstützen bei vergrößertem Masseabtrag erreicht werden. Im betrachteten Versuchsfeld gibt es LPBF-Prozessparameterkombinationen bei denen dieser Zusammenhang existiert. Beispielsweise wird mit einer porösen Volumenstütze mit einer theoretischen Dicke von $b = 2{,}07$ mm ($n_{hatch} = 15$, $D_s = 150$ µm, $\Delta y_s = 130$ µm), annähernd die gleiche Maximalkraft von $F_m = 3{,}2$ kN, wie mit einer SdT-Volumenstütze mit einer theoretischen Dicke $b = 1{,}16$ mm ($n_{hatch} = 8$, $D_s = 90$ µm, $\Delta y_s = 130$ µm) erreicht. Der relative Masseabtrag der porösen Volumenstütze ($\Delta m_{rel} = 30{,}6$ %) ist jedoch um ca. 16% größer als bei den SdT-Volumenstützen. Um diese LPBF-Parameterkombinationen an gestützten Bauteilen zu erproben und zudem die Übertragbarkeit der Ergebnisse auf die Aluminiumlegierungen AlSi9Cu3 und AlSi12 zu prüfen, werden gestützte Twincantilever aus den drei Aluminiumlegierungen gefertigt (s. Bild 46). Die Twincantilever-Geometrien werden mit den werkstoff- und anlagenspezifischen LPBF-Prozessparametern gemäß Kapitel 4.2 gefertigt. An den Bauteilkanten werden SdT-Vektorstützen verwendet, die zur maßhaltigen Abbildung der Konturen beitragen. Im jeweiligen inneren Bereich unterhalb der Kragarme der Twincantilever werden die genannten Volumenstützen platziert. Im Rahmen der Experimente wird die fehlerfreie Fertigung der Bauteilgeometrie visuell überprüft. Des Weiteren wird die Bearbeitungsdauer zur vollständigen Stützenentfernung der porösen Volumenstützen ermittelt. Bei den Untersuchungen werden die Probekörper jeweils solange in das Ätzbad eingetaucht bis die SdT-Vektorstützen nach visueller Sichtprüfung vollständig aufgelöst sind. Bei den Versuchen werden die jeweiligen Bearbeitungsdauern und Temperaturverläufe dokumentiert. Das Experiment ist erfolgreich, wenn sich die porösen Volumenstützen und die SdT-Vektorstützen in ähnlicher Zeit vollständig aufgelöst haben. In Bild 60 sind die untersuchten Twincantilever in den jeweiligen Behandlungszuständen dargestellt.

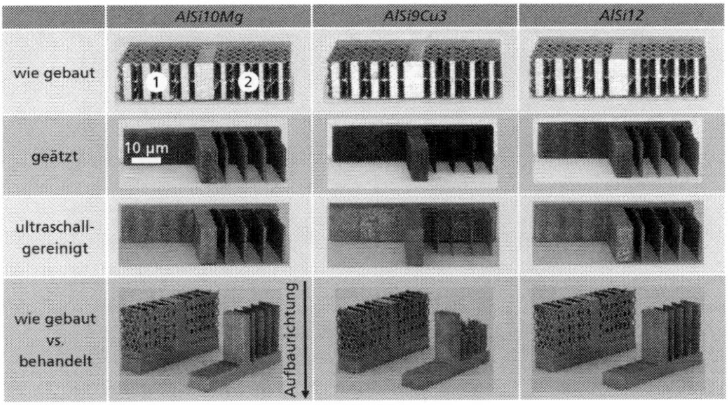

Bild 60: Wie gebaute, geätzte und ultraschall-gereinigte Twincantilever (1 = SdT-Vektorstützen + Poröse Volumenstützen; 2 = SdT-Vektorstützen + SdT-Volumenstützen)

Die porösen Volumenstützen werden schneller als die SdT-Volumenstützen, jedoch verzögert zu den SdT-Vektorstützen bei allen drei Aluminiumlegierungen nass-chemisch aufgelöst. Damit ist das Ergebnis ähnlich zu den vorherigen Untersuchungsergebnissen, bei denen der relative Masseabtrag der porösen Volumenstützen um ca. 20% kleiner ist als bei den SdT-Vektorstützen. Die SdT-Volumenstützen beim Twincantilever aus der Aluminiumlegierung AlSi9Cu3 sind stärker aufgelöst, als bei den anderen Aluminiumlegierungen. Da der relative Masseabtrag bei AlSi9Cu3 tendenziell kleiner als bei AlSi10Mg ist (vgl. Bild 29), wird der Effekt nicht durch die Legierungselemente hervorgerufen, sondern vermutlich durch unterschiedliche Materialporositäten. Die Messung der Materialporosität der SdT-Volumenstütze aus dem AlSi9Cu3-Twincantilever ergibt eine achtfach größere Materialporosität (Φ = 2,21%). Gemäß den Ergebnissen in Bild 58 liegt bei den Probekörpern aus der Aluminiumlegierung AlSi10Mg und einer vergleichbaren Materialporosität (n_{hatch} = 8, D_s = 120 µm, Δy_s = 130 µm) ein um ca. 3% größerer Masseabtrag vor.

Die Bearbeitungsdauern für die vollständige Auflösung der SdT-Vektorstützen und der porösen Volumenstützen unterscheiden sich ebenfalls. Bei der Aluminiumlegierung AlSi10Mg sind die porösen Volumenstützen nach ca. t = 25 min, bei AlSi9Cu3 nach ca. t = 24:30 min und bei AlSi12 nach ca. t = 23:30 min vollständig aufgelöst. Ein Zusammenhang zwischen der chemischen Zusammensetzung der Aluminiumlegierungen und der Materialporosität bei gleichen LPBF-Prozessparametern könnte die Ursache für die unterschiedlichen Bearbeitungsergebnisse und –dauern sein. Die Untersuchung dieses Einflusses ist nicht Bestandteil dieser Arbeit.

Durch die Anpassung der LPBF-Prozessparameter ist die Fertigung poröser Volumenstützen möglich, die prinzipiell schneller nass-chemisch auflösbar sind als SdT-Volumenstützen und gleichzeitig die Belastbarkeit von SdT-Volumenstützen aufweisen. Generell kann somit eine Effizienzsteigerung bei der nass-chemischen Stützenentfernung von Volumenstützen erreicht werden. Ähnlich schnelle Masseabträge, wie bei den SdT-Vektorstützen werden im Rahmen der Untersuchungen nicht erreicht. Eine weitere Vergrößerung der Materialporositäten geht mit einer Verkleinerung der Maximalkraft einher, die nur mit einer Aufdickung kompensiert werden kann. Inwiefern die Vergrößerung der Stützenbreiten die Offenporigkeit und damit den Masseabtrag beeinflusst, könnte Gegenstand zukünftiger Forschungen sein. Weiterhin wird durch verschiedene überlagerte Effekte das Bearbeitungsergebnis und die Bearbeitungsdauer je nach Aluminiumlegierung beeinflusst, wodurch sich weitere Forschungsfragen für zukünftige Arbeiten ergeben.

7.3.2 Innenliegende Bauteilbereiche

Fokus der vorliegenden Untersuchungen ist die Anpassung von Vektorstützen für innenliegende Bauteilbereiche zur Effektivitäts- und Effizienzsteigerung der nass-chemischen Stützenentfernung. Die Experimente sind zweistufig aufgebaut. Im ersten Teil werden gerade Rohrsegmente mit verschiedenen Innendurchmessern und neuen Stützendesigns (s. Bild 46) untersucht. Mithilfe einer Nutzwertanalyse [91] werden im Anschluss für jeden untersuchten Innendurchmesser Stützendesigns ausgewählt, die hinsichtlich gewichteter Bewertungsgrößen die besten Ergebnisse erzielen. Um die Anwendbarkeit der identifizierten Stützendesigns auf komplexere Geometrien zu prüfen und die neuen Stützendesigns mit den SdT-Stützendesigns zu vergleichen, werden Rohrbügel (s. Bild 46) mit den abgeleiteten Stützendesigns gefertigt und getestet. Insgesamt werden sechs verschiedene Stützendesigns untersucht (s. Bild 61). Der Abstand der einzelnen Stützenwände wird konstant bei einer Überhanglänge c = 2,5 mm gehalten, da bei dieser Überhanglänge eine Fertigung ohne Prozessabbrüche bei der Aluminiumlegierung AlSi10Mg noch möglich ist [90]. Die Materialoberfläche wird ab einem Überhangwinkel von $\delta = 45°$ verstützt. Daraus ergeben sich für den jeweiligen Innendurchmesser die in Bild 61 gezeigten Varianten. Bei den Versuchen wird eine Elektrolytmenge von konstant $V_{Lauge} = 200$ ml verwendet.

Bild 61: Exemplarische Darstellung der untersuchten Stützstruktur-varianten (l.) und eines ausgewählten Probekörpers (r.)

Bezeichnung	*Skizze*	*Innendurchmesser [mm]*				
		4	*6*	*8*	*10*	*15*
Einzelsteg		X	X	X		
Zweiersteg		X	X	X		
Dreiersteg			X	X	X	X
Dreiersteg-Wabe				X	X	X
Vierersteg-Wabe					X	X
Fünfersteg-Wabe						X

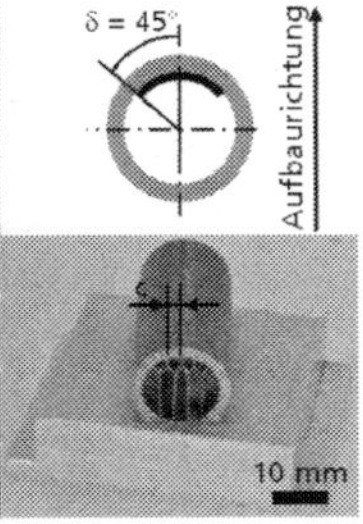

In Bild 62 sind exemplarisch die gefertigten Rohrsegmente jeder Variante nach den jeweiligen Entpulverungsschritten aufgeführt.

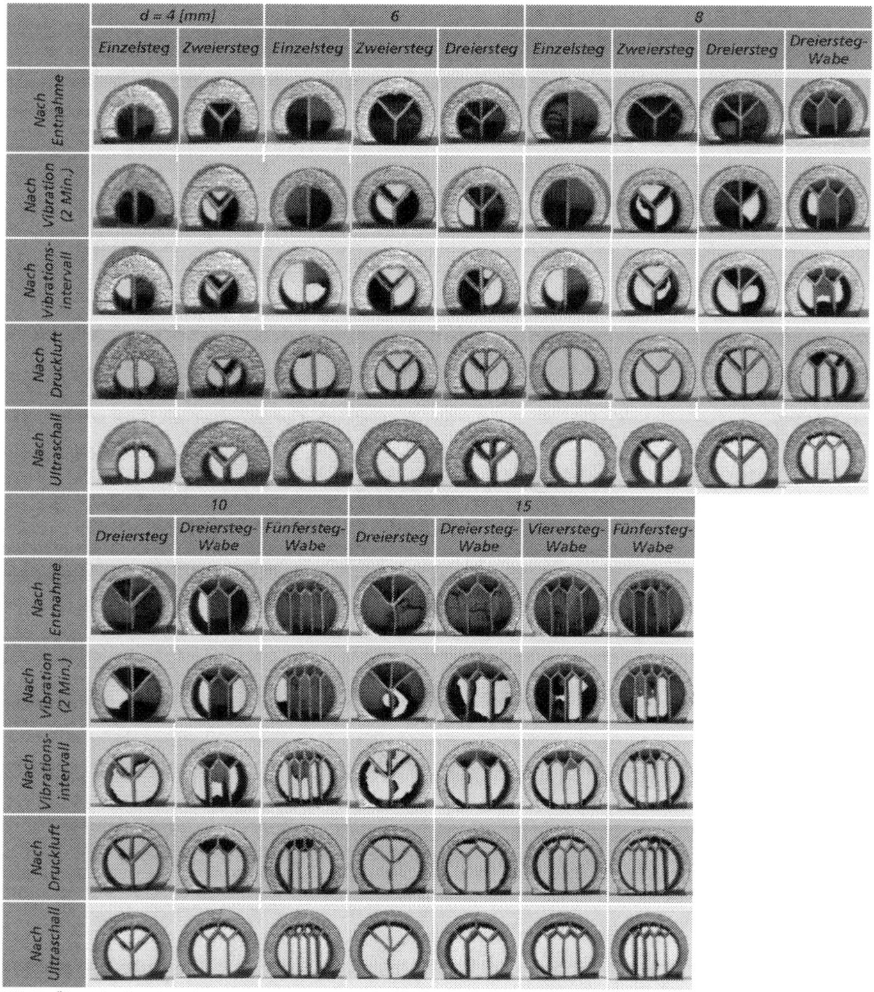

Bild 62: Übersicht über die gefertigten Rohrsegmente jeder Variante zu den jeweiligen Entpulverungsschritten (Rohrsegmente nicht maßstäblich)

Nach der Entnahme der Rohrsegmente aus der LPBF-Anlage sind in den Rohrsegmenten Pulverreste vorhanden. Mit jedem Entpulverungsschritt nimmt die Restpulvermenge nach visuellem Eindruck ab. Bei einzelnen Varianten sind die Pulverpartikel agglomeriert und haften an den Stützen (s. Bild 62). Ähnliche Effekte wurden bereits von Gralow in [15] beobachtet. Ursache für diesen Effekt könnte die Versinterung der Pulverpartikel sein, die infolge des erhöhten lokalen Wärmestaus im Bereich der Stützen hervorgerufen wird [9]. Nach der Ultraschallreinigung ist bei allen Probekörpern kein Restpulver mehr in den Rohrsegmenten erkennbar. In Bild 63 sind die gemessenen absoluten Restpulvermengen der jeweiligen Rohrsegmente in Abhängigkeit der Innendurchmesser und Entpulverungsschritte aufgeführt. Als Referenzwert werden die vollständig entpulverten Probekörper („Nach Ultraschallreinigung") herangezogen.

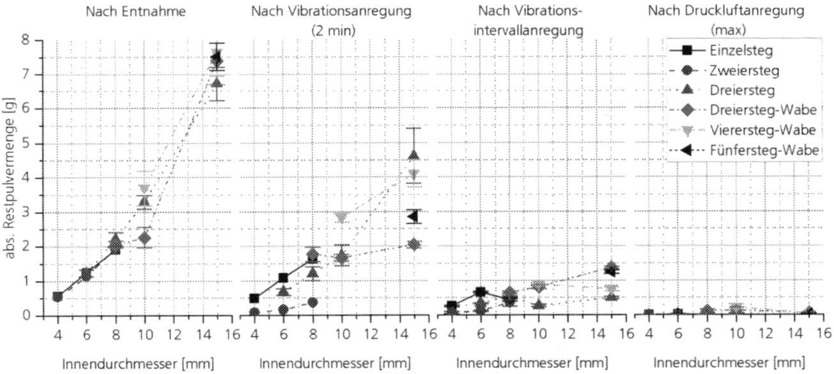

Bild 63: Absolute Restpulvermengen in den Rohrsegmenten bei verschiedenen Entpulverungsschritten (Bezugswert: vollständig entpulvert)

Nach der Entnahme der Probekörper aus der LPBF-Anlage sind die absoluten Restpulvermengen je Innendurchmesser bei allen Stützendesigns in etwa gleich. Mit größeren Innendurchmessern vergrößern sich je Stützendesign die absoluten Restpulvermengen. Nach dem ersten Entpulverungsschritt (Vibrationsanregung) unterscheiden sich die Restpulvermengen deutlicher. Während die Restpulvermengen bei den Rohrsegmenten mit Zweiersteg nach der Vibrationsanregung um 81%-85% verkleinert werden können, liegt die Verkleinerung bei den anderen Stützendesigns im Bereich von 12%-62%. Auffällig ist, dass die nachfolgende Vibrationsintervallanregung bei den Zweierstegen wiederum nur eine verhältnismäßig kleine Senkung der Restpulvermenge um 1%-3% bewirkt. Bei den anderen Stützendesigns werden die Restpulvermengen um weitere 9%-63% verkleinert. Ursache für diesen Zusammenhang können überlagerte Effekte aus Geometrie und Wärmeübertragung sein. Durch unterschiedliche Abkühlbedingungen in Abhängigkeit der verschiedenen Stützendesigns kann, die weiteren

Untersuchungen bedürfen und in dieser Arbeit Im letzten Schritt der Entpulverungsversuche werden die Rohrsegmenten mit einer Druckluftpistole gereinigt. Nach dieser Behandlung können bei allen Stützendesigns die Restpulvermengen auf unterhalb von ca. 0,6% der initialen absoluten Restpulvermenge (Δm_{abs} = 0,22 g) verkleinert werden.

In Bild 64 sind die relativen Restpulvermengen in den Rohrsegmenten, die Bearbeitungsdauer zum vollständigen Entstützen, die Rauheit nach der nass-chemischen Stützenentfernung und die theoretischen Stützenmassen für die verschiedenen Innendurchmesser und Stützendesigns dargestellt. Die relativen Restpulvermengen werden auf die theoretischen Gesamt-Restpulvermassen normiert und um die unterschiedlichen Prüfvolumen gemäß Formel 7.1 korrigiert. Für den relativen Vergleich der Stützendesigns werden die Ergebnisse nach der Vibrationsanregung (t = 2 min) herangezogen (s. Bild 64, links), da alle Rohrsegmente bei der Pulverentfernung mittels Vibrationsanregung einem identischem Zyklus unterworfen werden.

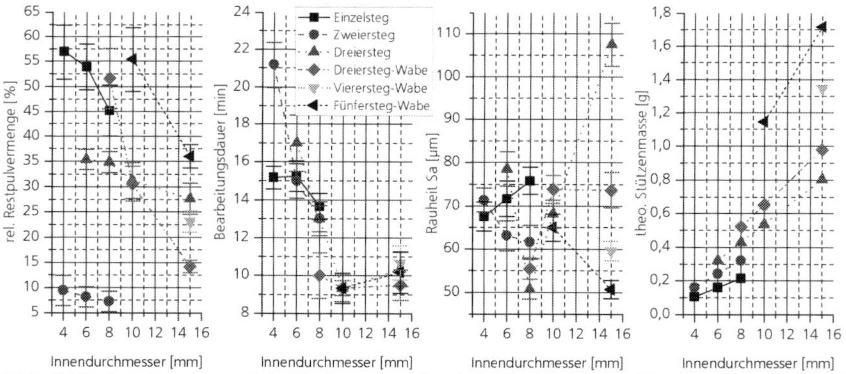

Bild 64: Relative Restpulvermengen nach der Vibrationsanregung (normiert), Bearbeitungsdauer und Rauheit nach der nass-chemischen Stützenentfernung der untersuchten Rohrsegmente

Tendenziell wird die relative Restpulvermenge mit größerem Innendurchmesser bei gleichem Stützendesign kleiner. Ursache hier sind die größeren Freiräume zwischen den Stützen bei größerem Innendurchmesser, die das Ausströmen des Restpulvers begünstigen. Für Innendurchmesser d = 4 mm bis 8 mm sind die relativen Restpulvermengen beim Zweiersteg verglichen mit den anderen Stützendesigns am kleinsten. Ab einem Innendurchmesser von d = 10 mm werden mit der Dreiersteg-Wabe die kleinsten relativen Restpulvermengen erzielt.

Für die Entstützungsversuche werden alle Rohrsegmente vollständig von Restpulver befreit, um den Einfluss von Restpulver zu eliminieren und lediglich den Einfluss des Stützendesigns untersuchen zu können. Somit kann die Effektivität und Effizienz bei Verwendung der neuen Stützendesigns gegenüber des SdT-Stützendesigns bei der nass-chemischen Stützenentfernung zur unteren Grenze abgeschätzt werden. Die untere Grenze bezieht sich auf den Idealzustand bei dem zwischen den Stützen kein Restpulver mehr vorhanden ist. Im Realfall verbleibt zwischen den Stützen Restpulver (s. Bild 63), welches mit größerer Menge die Effektivität der Stützenentfernung verkleinert.

Die Bearbeitungsdauer ist mit größerem Innendurchmesser kleiner. Ursache hierfür ist die mit größerem Innendurchmesser größere Stützenoberfläche. Diese ist bei Vektorstützen annähernd proportional zur Stützenmasse, sodass die Stützenmasse in diesem Zusammenhang synonym verwendet werden kann. Die aus den CAD-Daten berechneten theoretischen Stützenmassen sind in Bild 64, rechts wiedergegeben. Mit kleinerer Stützenmasse verkleinert sich bei Vektorstützen auch die an der Reaktion beteiligte Materialoberfläche, wodurch die Temperaturvergrößerung bei der chemischen Reaktion kleiner ist (vgl. Bild 50, mittig und rechts und Bild 91). Mit kleinerer Temperaturvergrößerung verkleinert sich ebenfalls der zeitliche Masseabtrag und die Bearbeitungsdauer zur nass-chemischen Stützenentfernung vergrößert sich (vgl. van't Hoff Regel, [52]). Bei Innendurchmessern von d = 4 mm wird mittels des Einzelstegs die kleinste Bearbeitungsdauer erreicht. Ab Innendurchmessern von d = 6 mm bis 15 mm sind die Bearbeitungsdauern für den Zweiersteg und die Dreiersteg-Wabe am geringsten verglichen mit den anderen Stützendesigns. Aufgrund der kleineren Stützenmasse müsste die Bearbeitungsdauer der Einzelstege verglichen mit den Zweierstegen beim Innendurchmesser d = 4 mm größer sein. Weiterhin ist die Bearbeitungsdauer bei der Fünfersteg-Wabe mit größerem Innendurchmesser und dabei größerer theoretischer Stützenmasse größer statt, wie erwartet kleiner. Jedoch können weitere Einflüsse, wie die Gasentwicklung und Abfuhr von Reaktionsprodukten das Ergebnis beeinflussen. Durch die an der Materialoberfläche entstehenden Gasblasen und Reaktionsprodukte ist die Zugänglichkeit der Stützen insbesondere bei den vielwandigen Varianten (bspw. Zweiersteg, Fünfersteg, s. Bild 65) eingeschränkt und das Einströmen des Elektrolyts wird behindert. Wie groß der Einfluss dadurch bei den einzelnen Stützendesigns ist, wird im Rahmen der Arbeit nicht untersucht und bedarf weiterer Forschung.

Bild 65: Schematische Darstellung von potenziellen Einflussgrößen auf die Bearbeitungsdauer zur Stützenentfernung (a) keine Innendurchmesser, b) große Innendurchmesser)

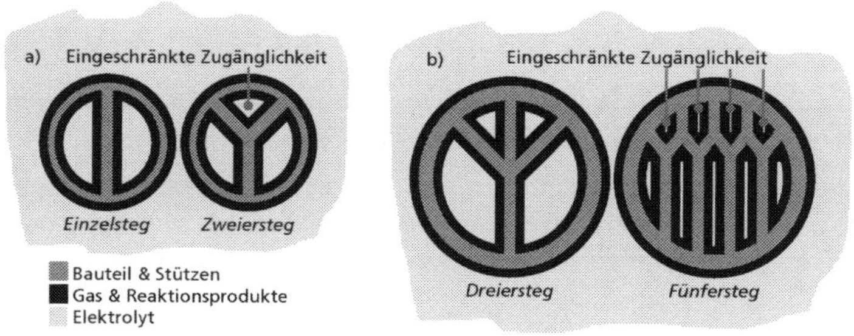

Zur Bestimmung der Rauheiten werden die Rohrsegmente in einer Ebene parallel zur Substratplatte aufgetrennt. Jeweils an der höchsten Stelle (bzgl. Aufbaurichtung) im mittleren Bereich der Rohrsegmente und einer Messfläche von $A = 3x3\ mm^2$ wird die flächenbezogene Rauheit Sa bestimmt. Die Krümmung wird dabei mittels des Auswerteprogramms automatisch herausgerechnet. In Bild 64 sind die Rauheiten (Sa) nach der nass-chemischen Stützenentfernung wiedergegeben. Ein eindeutiger Trend für die Wahl eines Stützendesigns, welches unabhängig vom Innendurchmesser möglichst kleine Rauheiten im gestützten Bereich bewirkt, ist nicht zu erkennen. Demnach muss das Stützendesign für die Erzielung möglichst kleiner Rauheiten abhängig vom Innendurchmesser gewählt werden.

Wie einleitend beschrieben, werden innenliegende Bauteilbereiche häufig zur Führung von gasförmigen oder flüssigen Medien eingesetzt. Wesentliche Einflussfaktoren auf den Wirkungsgrad bei der Medienführung haben neben der Rauheit im Kanal die Größe der durchströmten Querschnittsfläche. Diese sollte möglichst identisch zu den CAD-Daten sein, um ähnliche Strömungseigenschaften zu erreichen. Daher werden die Rohrsegmente hinsichtlich der relativen Querschnittsabweichung [%] in Abhängigkeit des Stützendesigns bei verschiedenen Innendurchmessern untersucht. Die Vermessung der Rohrsegmente wird jeweils nach der nass-chemischen Stützenentfernung gemäß den Erläuterungen in Kapitel 4.5.5 durchgeführt. In Bild 66 sind die relativen Querschnittsabweichungen von allen untersuchten Stützendesigns in bei verschiedenen Innendurchmessern aufgeführt.

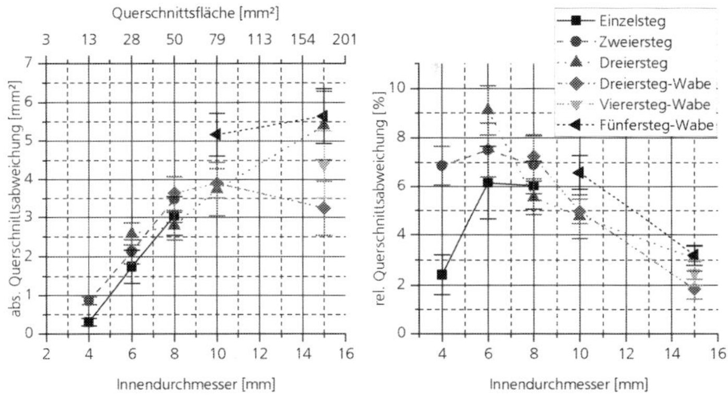

Bild 66: Absolute und relative Querschnitts-abweichungen von allen untersuchten Stützendesigns in Abhängigkeit der Innendurchmesser

Tendenziell verkleinert sich mit größerem Innendurchmesser die relative Querschnittsabweichung mit Ausnahme des kleinsten Innendurchmessers (d = 4 mm). Ursache für diesen Trend ist die mit größerer Querschnittsfläche verhältnismäßig kleine absolute Querschnittsabweichung (s. Bild 66, links). Die kleinsten Querschnittsabweichungen können für d = 4 mm mit dem Einzelsteg, für d = 6 mm mit dem Zweiersteg und für d = 8 mm – 10 mm mit dem Dreiersteg erreicht werden. Beim Innendurchmesser d = 15 mm weist die Dreiersteg-Wabe die kleinste relative Querschnittsabweichung auf. Mit kleinerer Wandanzahl bei den Stützen und damit vermutlich einer kleineren Steifigkeit tritt eine Verkleinerung der Querschnittsabweichung auf. Des Weiteren ist kein eindeutiger Zusammenhang zwischen der relativen Querschnittsabweichung und dem Innendurchmesser feststellbar.

Der Zweiersteg und die Dreiersteg-Wabe bewirken, je nach gewähltem Innendurchmesser, die kleinsten relativen Restpulvermengen und Bearbeitungsdauern zur Stützenentfernung. Jedoch sind die Ergebnisse zu den Rauheiten nach der nass-chemischen Behandlung und den Gestaltabweichungen im Vergleich zu den anderen Stützendesigns schlechter. Aus den vorherigen Untersuchungen können somit keine eindeutigen Trends zwischen dem Stützendesign und den Entpulverungs-, Entstützungs- und Maßhaltigkeitseigenschaften bei verschiedenen Innendurchmessern aufgezeigt werden. Daher wird eine Nutzwertanalyse (NWA) [91] durchgeführt, um geeignete Varianten je Innendurchmesser ableiten zu können. Für die NWA werden die zuvor untersuchten Bewertungskriterien herangezogen und gewichtet. Notwendiges Kriterium für die Funktion des Bauteils sind möglichst ähnliche Strömungsquerschnittsflächen der Rohrsegmente zu den CAD-Daten. Daher wird die relative Querschnittsabweichung mit 50 % am höchsten gewichtet. Daneben sind die Rauheit und die Bearbeitungsdauer zur nass-chemischen Stützenentfernung entscheidend für die Qualität und Wirtschaftlichkeit. Diese werden jeweils mit 20% gewichtet. Die Effektivität der Pulverentfernung kann durch die Verwendung anderer Entpulverungsmethoden (bspw. Druckluftreinigung, vgl. Bild 63) beim neuen Stützendesign vergrößert werden. Die für die NWA zugrunde gelegte Pulverentfernung mittels Vibrationsanregung wird lediglich als standardisierte Vergleichsbasis herangezogen. Daher wird die relative Restpulvermenge nach der Vibrationsanregung lediglich mit 10% gewichtet. In Abhängigkeit der Innendurchmesser können mit der NWA potenziell geeignete Stützendesigns abgeleitet werden. In Bild 67 sind die Ergebnisse der NWA dargestellt. Neben den normierten Ergebnissen der einzelnen Zielgrößen sind die relativen Nutzwerte aufgeführt. Für die Normierung werden die jeweiligen Ergebnisse einer Skala von 0 bis 10 zugeordnet. Dabei entsprechen die jeweiligen Minimal- und Maximalwerte eines Bewertungskriteriums dem Minimal- bzw. Maximalwert der Skala.

	Innendurchmesser d [mm]															
	4		6			8				10			15			
Stützendesign 	Einzelsteg	Zweiersteg	Einzelsteg	Zweiersteg	Dreiersteg	Einzelsteg	Zweiersteg	Dreiersteg	Dreiersteg-Wabe	Dreiersteg	Dreiersteg-Wabe	Fünfersteg-Wabe	Dreiersteg	Dreiersteg-Wabe	Vierersteg-Wabe	Fünfersteg-Wabe
Restpulvermenge (normiert)	4,31	9,05	4,61	9,18	6,47	5,49	8,97	6,52	4,85	6,88	6,94	4,46	6,37	8,58	7,68	6,40
rel. Nutzwert (10%)	0,43	0,91	0,46	0,92	0,65	0,55	0,90	0,65	0,48	0,69	0,69	0,45	0,64	0,86	0,77	0,64
Bearbeitungsdauer (normiert)	4,88	0,38	4,81	5,00	3,50	6,00	6,50	8,75	8,75	9,25	9,25	9,25	8,50	9,13	8,25	8,63
rel. Nutzwert (20%)	0,98	0,08	0,96	1,00	0,70	1,20	1,30	1,75	1,75	1,85	1,85	1,85	1,70	1,83	1,65	1,73
Rauheit (normiert)	7,08	6,44	6,39	7,83	5,24	4,53	8,06	9,88	9,08	6,98	6,03	7,51	0,42	6,05	8,39	9,88
rel. Nutzwert (20%)	1,42	1,29	1,28	1,57	1,05	0,91	1,61	1,98	1,82	1,40	1,21	1,50	0,08	1,21	1,68	1,98
Querschnittsabweichung (normiert)	8,39	5,43	5,89	4,99	3,93	5,97	5,40	6,32	5,18	6,83	6,69	5,61	7,96	8,77	8,35	7,87
rel. Nutzwert (50%)	4,20	2,71	2,95	2,50	1,96	2,98	2,70	3,16	2,59	3,41	3,34	2,81	3,98	4,39	4,17	3,93
Gesamtergebnis	7,02	4,98	5,65	5,98	4,36	5,64	6,51	7,54	6,64	7,35	7,09	6,60	6,40	8,28	8,27	8,27
Rangfolge	1	2	2	1	3	4	3	1	2	1	2	3	3	1	2	2

Bild 67: Normierte Ergebnisse und relative Nutzwerte der Nutzwertanalyse [91]

Aus den Gesamtnutzwerten werden für die einzelnen Innendurchmesser Rangfolgen abgeleitet. Für die Untersuchung der Anwendbarkeit der abgeleiteten Stützendesigns bei komplexeren Geometrien, werden die in Bild 46 gezeigten Rohrbügel mit den entsprechenden Stützendesigns (s. Bild 67) mittels LPBF gefertigt. Zum Vergleich der neuen Stützendesigns mit dem SdT-Stützendesign (vgl.

Tabelle 1) werden zusätzlich Rohrbügel mit Blockstützen für jeden Innendurchmesser aufgebaut. Die Bewertung der Effektivität der Pulverentfernung bei den Rohrbügel erfolgt wie bei den Rohrsegmenten auf Basis der Pulverentfernung mittels Vibrationsanregung. Als Bezugswert für die Bestimmung der relativen Restpulvermengen wird der vollständig mit Restpulver gefüllte Zustand herangezogen. Dieser kann bei den Rohrbügel näherungsweise bestimmt werden, da aufgrund der Geometrie der Rohrbügel bei der Entnahme aus der LPBF-Anlage nahezu kein Restpulver aus dem Prüfvolumen ausströmen kann. Die Gesamt-Restpulvermenge wird durch den Massenvergleich nach der vollständigen Pulverentfernung bestimmt. In Bild 68 sind die absoluten Restpulvermengen bei verschiedenen Entpulverungsschritten und die relativen Restpulvermengen nach der Vibrationsanregung wiedergegeben. Die Normierung und Korrektur (s. Formel 7.1) der Ergebnisse erfolgt analog zu den Quaderuntersuchungen (s. Kapitel 7.3.1.1).

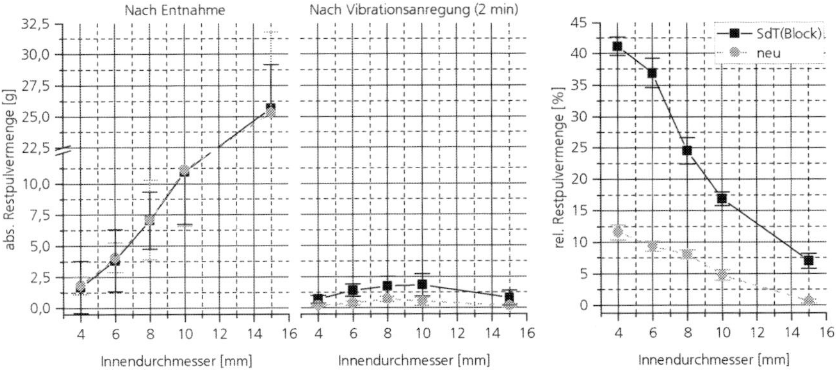

Bild 68: Absolute Restpulvermengen in den Rohrbügeln bei verschiedenen Entpulverungsschritten (Bezugswert: vollständig gefüllt) und relative Restpulvermengen (normiert, korrigiert)

Nach der Entnahme der Rohrbügel aus der LPBF-Anlage sind die Restpulvermengen je Innendurchmesser unabhängig vom Stützendesign in etwa gleich. Erwartungsgemäß vergrößern sich mit größerem Innendurchmesser die absoluten Restpulvermengen annähernd quadratisch. Mithilfe der Vibrationsanregung verkleinert sich die absolute Restpulvermenge bei einem Innendurchmesser von d = 4 mm beim SdT-Stützendesign um ca. 58% und beim neuen Stützendesign um ca. 88%. Bei einem Innendurchmesser von d = 15 mm ist die absolute Restpulvermenge beim SdT-Stützendesign um ca. 92% und beim neuen Stützendesign um ca. 99% verkleinert. Unter Einbezug der verschiedenen Prüfvolumen infolge der verschiedenen Stützenvolumen bewirkt das neue Stützendesign im Vergleich zum SdT-Stützendesign eine Verkleinerung der relativen Restpulvermengen von 59% (d = 8 mm) bis 91% (d = 15 mm).

Für die nass-chemische Stützenentfernung der Rohrbügel werden die Bearbeitungsdauern von den Entstützungsversuchen mit den Rohrsegmenten entnommen. Damit können neben dem Vergleich untereinander auch der Einfluss der Bauteilgeometrie auf die Entstützungseigenschaften betrachtet werden. Zur Bewertung der Entstützungseigenschaften werden die Rohrbügel einer visuellen Sichtprüfung unterzogen. Nach den verwendeten Bearbeitungsdauern sind in allen Rohrbügeln noch Stützen zu beobachten und visuell keine Unterschiede erkennbar. Grund hierfür ist die durch die Rohrwindungen hervorgerufene verkleinerte Benetzbarkeit der Stützen. Anders als bei den Rohrsegmenten müssen an beiden Rohrbügelöffnungen sowohl das Reaktionsgas (H_2) ausströmen als auch das Elektrolyt einströmen. Um dennoch mögliche Unterschiede zwischen den Stützendesigns sichtbar zu machen, werden alle vorgeätzten Rohrbügel erneut für die jeweilige Bearbeitungsdauer in das Elektrolyt eingetaucht und die Reaktion im Anschluss durch Neutralisation unter fließendem Wasser gestoppt. Nach dem Versuch werden alle Rohrbügel mittels Ultraschall gereinigt und mittels einer Trennmaschine mittig parallel zur Substratplatte aufgetrennt. In Bild 69 sind die aufgetrennten Rohrbügel dargestellt.

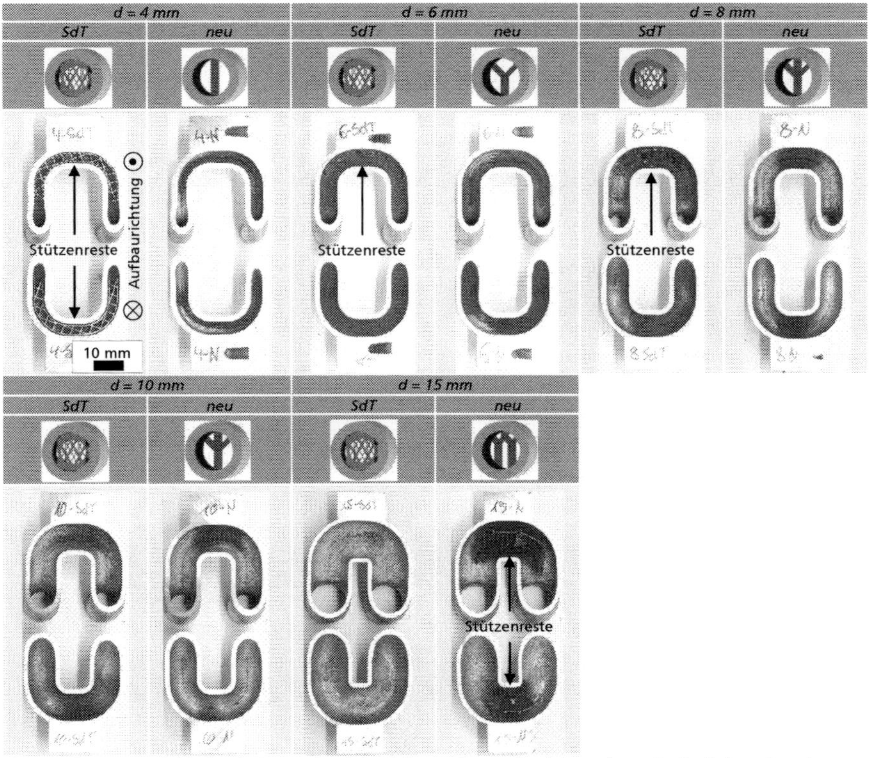

Bild 69: Aufgetrennte Rohrbügel nach der nass-chemischen Stützenentfernung (Bearbeitungsdauer = 2 x Bearbeitungsdauer der Rohrsegmente, vgl. Bild 64)

Bei Innendurchmessern von d = 4 mm bis d = 8 mm sind bei den SdT-Stützen noch Stützenreste erkennbar. Insbesondere beim kleinsten Rohrbügel (d = 4 mm) sind nach der nass-chemischen Stützenentfernung nahezu noch alle Stützen vorhanden. Bei den Rohrbügeln mit neuem Stützendesign sind bis auf den größten Innendurchmesser (d = 15 mm) alle Stützen vollständig entfernt. Tendenziell wird mit größerer Stützenmasse bei Vektorstützen der zeitliche Materialabtrag infolge einer vergrößerten benetzbaren Stützenoberfläche größer. Die theoretischen Stützenmassen sind bei den SdT-Stützen zwischen ca. 42 % (d = 4 mm) und 50 % (d = 15 mm) größer als bei den neuen Stützen (s. Bild 70, rechts). Weiterhin ist die zeitliche Temperaturänderung bei allen SdT-Stützen größer als bei den neuen Stützen (s. Bild 70, links).

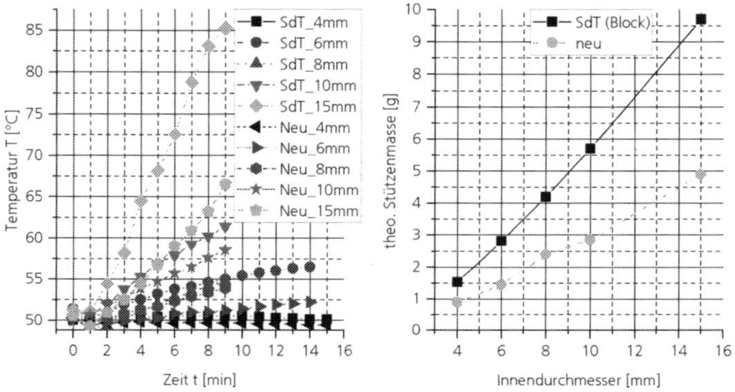

Bild 70: Zeitliche Temperaturverläufe (links) und theoretische Stützenmassen bei verschiedenen Stützendesigns und Innendurchmessern (rechts)

Dennoch sind nicht alle SdT-Stützen schneller als die neuen Stützen aufgelöst. Aus Bild 69 geht hervor, dass bei kleinen Innendurchmessern von d = 4 mm bis d = 8 mm eine verzögerte Auflösung der SdT-Stützen stattfindet. Somit beeinflusst auch die Gasentwicklung und Abfuhr von Reaktionsprodukten an der Materialoberfläche in Kombination mit dem engmaschigen Muster der SdT-Stützendesigns insbesondere bei den kleinen Innendurchmessern eine eingeschränkte Zugänglichkeit des Elektrolyts. Diese wiederum bewirkt einen verzögerten Materialabtrag (s. Bild 65). Beim größten Innendurchmesser (d = 15 mm) sind die neuen Stützen noch nicht vollständig aufgelöst. In diesem Fall ist der Einfluss der kleineren Stützenmasse und dem damit kleineren Temperaturanstieg dominierend (s. Bild 70, links).

Mit den abgeleiteten Stützendesigns kann eine Effektivitätssteigerung der Pulver- und Stützenentfernung erreicht werden. Zusätzlich trägt das neue Stützendesign zur Verkleinerung der Bearbeitungsdauern insbesondere bei kleineren Innendurchmessern (d < 10 mm) bei. Durch den kleineren Materialverbrauch bei allen untersuchten Innendurchmessern kann die Effizienz der Stützenentfernung zusätzlich vergrößert werden. Bei größeren Innendurchmessern wird beim neuen Stützendesign im Vergleich zum SdT-Stützendesign ein verkleinerter Materialabtrag infolge der geringeren Stützenmasse beobachtet. Dieser könnte jedoch mit einer längeren nass-chemischen Stützenentfernung und größeren Chargen kompensiert werden.

8 Anwendungserprobung

In den vorherigen Kapiteln wurde die nass-chemische Stützenentfernung an vereinfachten Probekörpern (Twincantilever, Quader, Rohrsegment, Rohrbügel) aufgezeigt. Um die Anwendbarkeit auf Bauteile mit filigranen Geometriemerkmalen (Wände, Streben, Gitter) und komplexen Freiformflächen (Radträgermodell) zu prüfen, werden die in Bild 71 gezeigten Probekörper gefertigt und anschließend nass-chemisch entstützt.

Bild 71: Schematische Darstellung der gefertigten Quader mit Geometriemerkmalen (l. o.) und des topologieoptimierten Radträgermodells im Maßstab 1:2 (r. o.) sowie der verwendeten Stützen

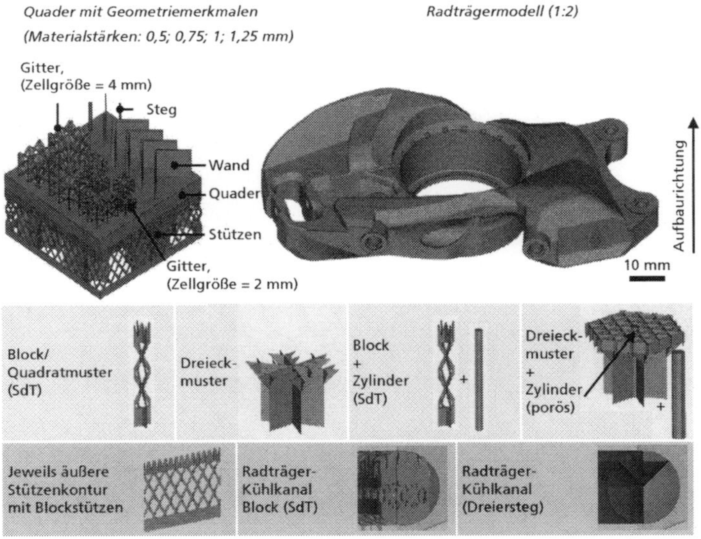

Die Versuche werden exemplarisch an Quadern mit verschiedenen Goemetriemerkmalen und einem komplexen topologieoptimierten Radträgermodell aus AlSi10Mg durchgeführt. Das Radträgermodell ist aus einem Radträger im Maßstab 1:2 abgeleitet. Die Probekörper werden mit vier verschiedenen Varianten verstützt (s. Bild 71). Jeweils werden die Stützenkonturen mit Blockstützen versehen, da die unvollständigen RVE an den Rändern der gestützten Bauteilbereiche beim neuen Stützendesign (Dreieckmuster) einen Bauteilverzug bewirken (s. Kapitel 7.2). Die porösen Volumenstützen sind jeweils in den Mittelpunkten der Einzelstützen positioniert. Die SdT-Volumenstützen sind analog zu den porösen Volumenstützen an ähnlicher Stelle wie die porösen Volumenstützen angeordnet (s. Bild 94). Im Anhang A14 sind die verschiedenen Stützendesigns am Radträgermodell demonstriert. Die geometrischen Parameter der SdT-Vektorstützen sind in Bild 80 aufgeführt. Die LPBF-Prozessparameter zur Fertigung der Stützen sind in Tabelle 13 zusammengefasst. Im Rahmen der Anwendungserprobung wird zunächst der Zusammenhang zwischen Materialaufmaß und den resultierenden Materialdimensionen der Geometriemerkmale mit verschiedenen Materialstärken nach der nass-chemischen Behandlung untersucht. Am Radträgermodell werden die neuen Stützendesigns hinsichtlich der relativen Restpulvermengen nach der Pulverentfernung, Vollständigkeit der Stützenentfernung sowie der Belichtungszeiten und Bearbeitungsdauern zur Stützenentfernung untersucht. Die Maßhaltigkeit nach der nass-chemischen Stützenentfernung der Radträger wird mithilfe einer 3D-Vermessung vor und nach der Behandlung ermittelt. Die Pulverentfernung erfolgt in einer kommerziellen Entpulverungsanlage, ähnlich der in Bild 16 abgebildeten. Für die nass-chemische Stützenentfernung werden die Probekörper solange in die 30 Gew.-% Natronlauge (V_{Lauge} = 1200 ml) eingetaucht, bis die Stützen in den außenliegenden Bauteilbereichen vollständig entfernt sind. Dadurch kann zusätzlich überprüft werden, ob sich die Stützen in den innenliegenden Bauteilbereichen verzögert auflösen.

8.1 Quader mit Geometriemerkmalen

In Bild 72 sind die gefertigten und nass-chemisch entstützten Quader mit Geometriemerkmalen und den verschiedenen Stützendesigns dargestellt. Alle Geometriemerkmale können fehlerfrei und annähernd in den Materialstärken (max. Abweichung < 5%, gemessen in der Draufsicht unter dem Lichtmikroskop) gefertigt werden. Nach der Separation der Probekörper von der Substratplatte mittels Bandsäge sind bei den Probekörpern mit den neuen Stützendesigns Stützenabrisse erkennbar. Durch die Einzelstützen ist das Sägeblatt während der Sägebearbeitung nicht durchgehend im Eingriff, wodurch einzelne Stützensegmente aus den Stützen herausbrechen können. Da diese jedoch nicht an der Bauteiloberfläche herausbrechen, ist ein Einfluss auf die Bauteilqualität nicht feststellbar. In der visuellen Betrachtung der geätzten Probekörper ist erkennbar, dass die Geometriemerkmale sowohl zwischen den Stützendesigns als auch den Geometriemerkmalen unterschiedlich abgetragen sind. Ursache für die unterschiedlichen Materialabträge sind unterschiedliche Temperaturanstiege (s. Bild 92), die durch die verschiedenen Zerteilungsgrade, Materialoberflächen und Geometrien hervorgerufen werden. In der industriellen Anwendung könnten die unterschiedlichen Materialabträge bspw. durch eine Temperaturregelung des Elektrolytbades kompensiert werden. Durch eine kontinuierliche Umwälzung des Elektrolytbades bei der die Elektrolyttemperatur über einen Wärmetauscher geregelt wird, kann die Reaktionsgeschwindigkeit annähernd konstant gehalten werden. Der

Effekt dieser Temperaturregelung wird im Rahmen dieser Arbeit nicht mehr untersucht. Ergänzend sind in Bild 93 die entsprechenden relativen Restpulvermengen nach der Pulverentfernung mittels Druckluftreinigung (vgl. Bild 18), die Bearbeitungsdauern bis zur vollständigen Stützenentfernung und die theoretischen Stützenmassen wiedergegeben.

Bild 72: Untersuchte Quader mit Geometrie-merkmalen mit unterschiedlichen Stützendesigns bei verschiedenen Bearbeitungszuständen (wie gebaut, geätzt)

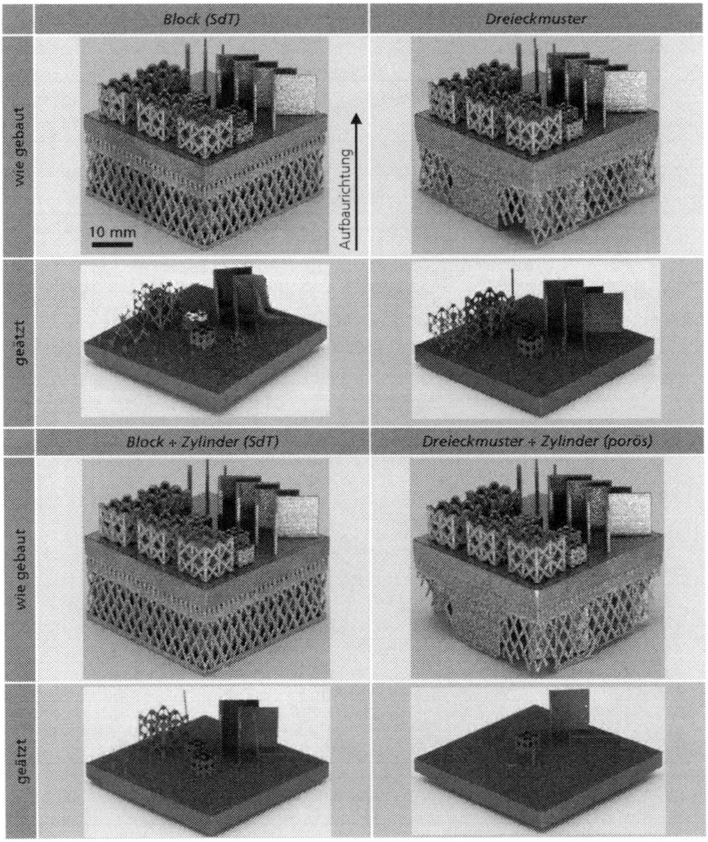

Um die Materialdimensionen nach der nass-chemischen Stützenentfernung zu quantifizieren, werden die Materialstärken jeweils an der kleinsten Stelle des jeweiligen Geometriemerkmals unter dem Lichtmikroskop in der Draufsicht vermessen (s. Bild 96 und Bild 97). In Bild 73 sind die Materialstärken der Geometriemerkmale vor und nach der nass-chemischen Behandlung dargestellt. Bei Geometriemerkmalen, die nach der Stützenentfernung vollständig aufgelöst sind, ist die Materialstärke entsprechend null.

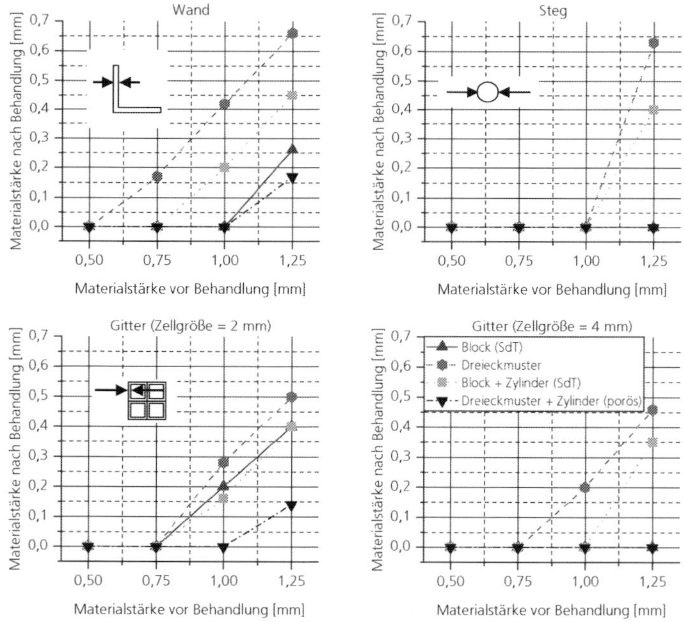

Bild 73: Materialstärken der Geometriemerkmale bei verschiedenen Stützendesigns vor und nach der nass-chemischen Behandlung

Bei allen Geometriemerkmalen ist ein größeres Materialaufmaß als die jeweiligen Stützendimension notwendig. Dies widerspricht der ursprünglichen Annahme, dass der Materialabtrag am Bauteil mittels der halben Stützendicke (Schmelzspurbreite) kompensiert werden kann (vgl. Kapitel 6). Je Geometriemerkmal sind die Materialstärken nach der nass-chemischen Behandlung annähernd proportional zu den Materialstärken vor der nass-chemischen Behandlung, d.h. das Bauteilaufmaß ist über die Materialstärken konstant. Demnach können geometrisch ähnliche Bauteilstrukturen mit einem konstanten Bauteilaufmaß kompensiert werden. Beim Dreieckmuster ist bei allen Geometriemerkmalen das kleinste Bauteilaufmaß notwendig. Um beispielsweise eine Materialstärke (Materialstärke nach der Behandlung) bei den Wänden von ca. 400 µm zu erreichen, muss bei der LPBF-Fertigung eine Materialstärke (Materialstärke vor der Behandlung) von ca. 1 mm gewählt werden. Ein eindeutiger Grund für die kleineren Materialabträge, kann im Rahmen der Arbeit nicht ermittelt werden und bedarf weiterer Forschung. Auch wenn die Versuche identisch durchgeführt werden, kann die Elektolytbadkinetik und die damit verbundene Bewegung der Probekörper eine weitere Ursache für diesen Zusammenhang neben überlagerten Effekten aus Temperatur- sowie Gasentwicklung und der Abfuhr von Reaktionsprodukten sein.

Die Ergebnisse verdeutlichen, dass weitere Untersuchungen zur Entwicklung geeigneter Kompensationsstrategien in Abhängigkeit der Geometriemerkmale oder von geeigneten Temperaturregelungen notwendig sind. Insbesondere sollte in diesem Zusammenhang der Einfluss lokaler Temperaturunterschiede infolge der an der Reaktion beteiligten Oberflächen untersucht werden.

8.2 Radträger

In Bild 74 sind die gefertigten und nass-chemisch entstützten Radträger mit den verschiedenen Stützendesigns dargestellt.

Bild 74: Gefertigte Radträger mit verschiedenen Stützendesigns, oben: wie gebaut auf der Substratplatte, unten: nass-chemisch entstützt (a) Block + Zylinder (SdT); b) Dreieckmuster + Zylinder (porös); c) Block (SdT); d) Dreieckmuster)

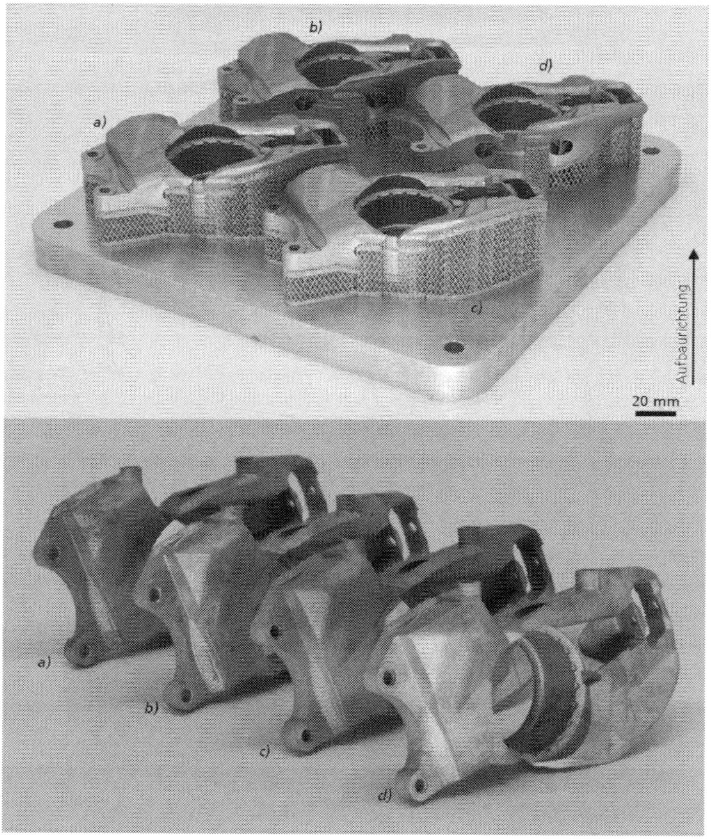

Alle Radträger können fehlerfrei gefertigt werden. In der visuellen Betrachtung der entstützten Radträger sind unterschiedliche Bearbeitungsergebnisse erkennbar. Bei den Radträgern, die mit SdT-Stützen gefertigt sind, sind nach der nasschemischen Stützenentfernung in den Kühlkanälen noch Stützenreste erkennbar, obwohl die Stützen in den außenliegenden Bauteilbereichen bereits vollständig entfernt sind (s. Bild 75). Beim Dreieckmuster sind die Stützen vollständig entfernt.

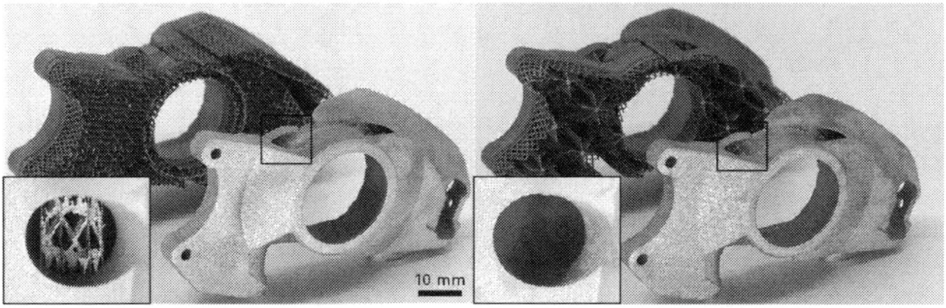

Bild 75: Exemplarische Radträger vor und nach der nass-chemischen Stützenentfernung (links: Block (SdT), rechts: Dreieckmuster)

In Bild 76 sind die relativen Restpulvermengen nach der Entpulverung, die Bearbeitungsdauern zur nass-chemischen Stützenentfernung und die theoretischen Stützenmassen dargestellt.

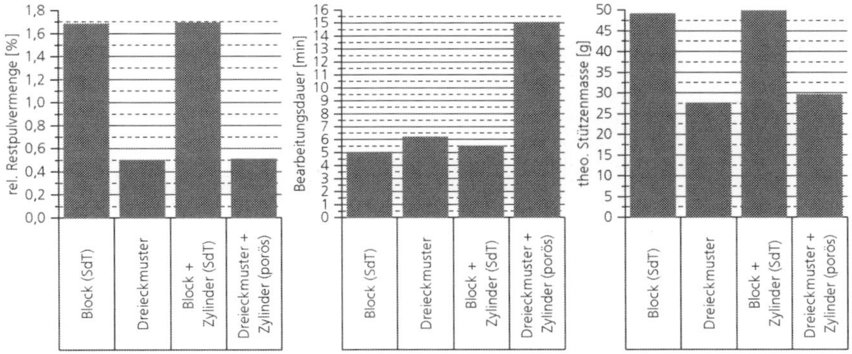

Bild 76: Relative Restpulvermengen, Bearbeitungsdauern zur nass-chemischen Stützenentfernung und theoretische Stützenmassen der Radträgermodelle bei unterschiedlichen Stützendesigns

Durch die Verwendung der Dreieckmuster können die Restpulvermengen gegenüber dem SdT-Stützendesign um ca. 70% verkleinert werden. Die Bearbeitungsdauer ist beim Dreieckmuster jedoch aufgrund der um ca. 44% kleineren Stützenmasse ca. 24% größer. Bei zusätzlicher Verwendung von Volumenstützen ist die Bearbeitungsdauer ca. 174% größer. Grund hierfür sind die kleineren Temperaturanstiege (s. Bild 92) und die verzögerte Auflösung der porösen Volumenstützen verglichen mit den SdT-Vektorstützen (vgl. Kapitel 7.3.2). Auch wenn die Bearbeitungsdauer beim neuen Stützendesign größer ist, ist eine vollständige Stützenentfernung in wenigen Minuten möglich.

In Bild 77 und Bild 78 sind exemplarische Punktmessungen und die jeweiligen Histogramme der orthogonalen Geometrieabweichungen zur Materialoberfläche der Radträger nach der nass-chemischen Stützenentfernung visualisiert. Als Referenzoberfläche wird die Materialoberfläche nach der nass-chemischen Stützenentfernung herangezogen, um den Einfluss eines potenziellen Bauteilverzugs auf die Geometrieabweichungen zu eliminieren. Dadurch wird der Masseabtrag am Bauteil in den vorliegenden Abbildungen entsprechend positiv dargestellt.

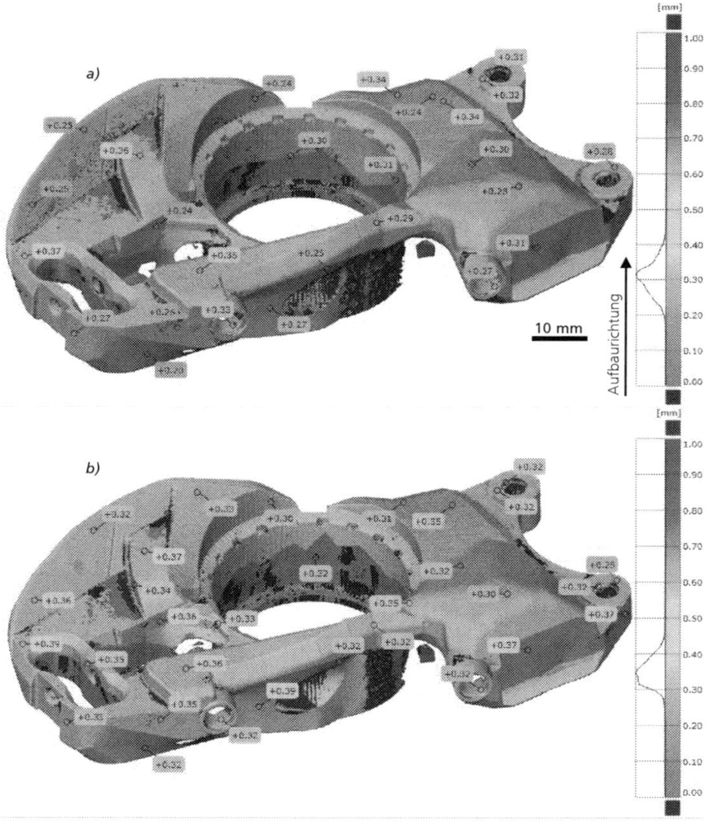

Bild 77: Punktmessungen und Histogramme (r.) der orthogonalen Geometrie-abweichungen am Radträgermodell nach der nass-chemischen Stützenentfernung (a) Block (SdT); b) Dreieckmuster) (Hinweis: Materialabtrag positiv dargestellt)

Bild 78: Punktmessungen und Histogramme (r.) der orthogonalen Geometrie-abweichungen am Radträgermodell nach der nass-chemischen Stützenentfernung (a) Block + Zylinder (SdT); b) Dreieckmuster + Zylinder (porös)) (Hinweis: Materialabtrag positiv dargestellt)

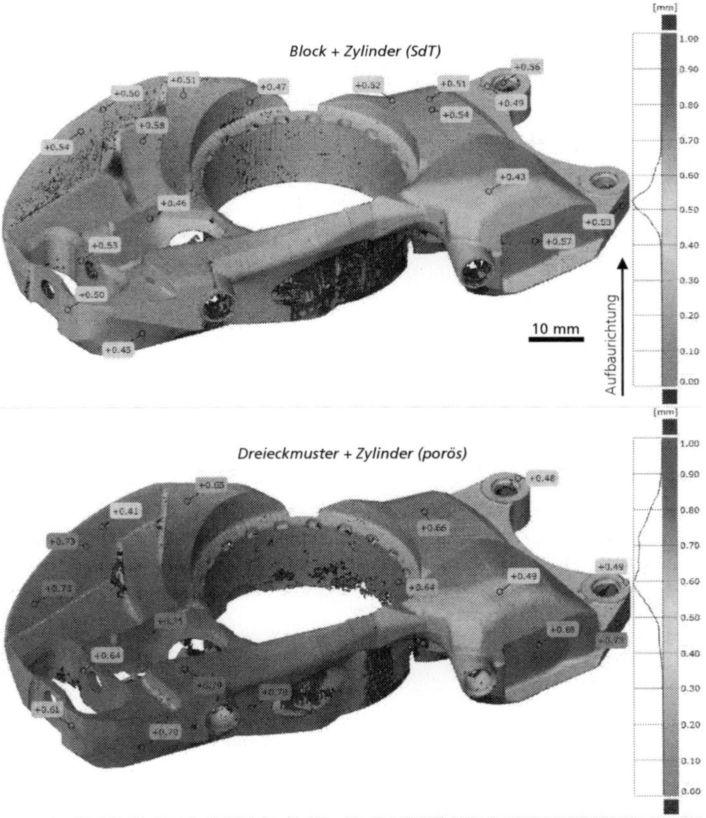

Die Histogramme in Bild 77 und Bild 78 verdeutlichen die Häufigkeit der Geometrieabweichungen über die gemessene Bauteiloberfläche. Je spitzer die Häufigkeitsverteilung ist, desto eher liegt ein flächiger Materialabtrag vor. Aus den Histogrammen kann ein annähernd flächiger Materialabtrag bei den Radträgern mit Dreieckmuster und SdT-Stützen abgeleitet werden. Der Radträger mit Dreieckmuster und porösen Zylinderstützen weist die größte Geometrieabweichung auf. Zudem ist die Gleichmäßigkeit des Materialabtrags kleiner. Ursache ist die längere Bearbeitungsdauer zur Stützenentfernung, wodurch einerseits der Materialabtrag am Bauteil größer wird und andererseits die Bildung von Auskolkungen an freigelegten Randporen oder Rauheitstälern gefördert werden kann. Die

Geometrieabweichung bei den Radträgern mit SdT-Stützen und Dreieckmustern (jeweils ohne Zylinderstützen) ist ähnlich und beträgt im Mittel ca. 330 µm bis 350 µm. Das notwendige Bauteilaufmaß zur Kompensation des Materialabtrags ist damit in etwa dreimal so groß wie die halbe Schmelzspurbreite ($d_{Schmelz}/2$ = 125 µm). Bei Verwendung der Zylinderstützen ist der Materialabtrag am Bauteil nahezu sechsmal so groß wie die Dicke der halben Schmelzspurbreite.

Mithilfe eines am Fraunhofer ILT entwickelten Bauzeitberechnungstools können die Belichtungs- und Beschichtungszeiten berechnet werden. Getrennt nach Bauteil und jeweils verwendetem Stützendesign ist eine Vorhersage der Fertigungszeiten bis auf einen Fehler von < 3 % möglich. Zur Berechnung der Fertigungszeiten werden die LPBF-Prozessparameter aus Tabelle 8 herangezogen. In Bild 79 sind die Fertigungszeiten für die jeweiligen Stützendesigns illustriert.

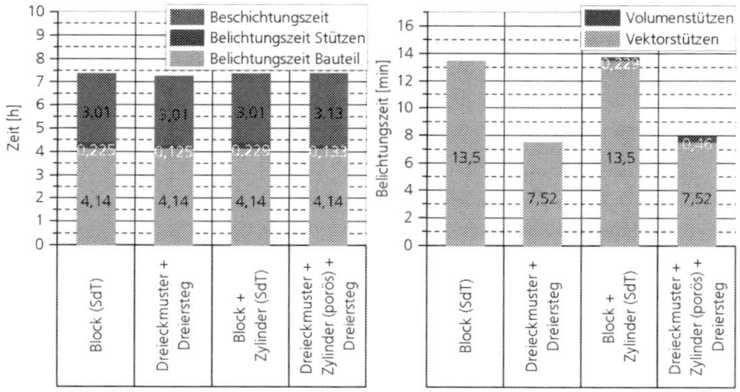

Bild 79: Fertigungs- und Belichtungszeiten der Radträger mit verschiedenen Stützendesigns

Die Belichtungszeiten der Stützen machen im betrachteten Szenario nur etwa 3% an der Gesamtfertigungszeit aus. Dennoch bewirkt das neue Stützendesign eine Verkleinerung der Belichtungszeiten für die Stützen um ca. 42% bis 45%. Beim Radträger mit porösen Zylinderstützen ist die Beschichtungszeit größer als bei den anderen Varianten. Grund hierfür ist die leicht höhere Anzahl an Beschichtungsvorgängen bei den porösen Zylinderstützen gegenüber den SdT-Zylinderstützen. Da die Schichtdicken der porösen Zylinderstützen (ΔD_S = 150 µm) keine ganzzahligen Vielfache der Schichtdicken der Vektorstützen (ΔD_S = 90 µm) sind, müssen entsprechend mehr Beschichtungsvorgänge durchgeführt werden. Grund für die nahezu doppelte Belichtungszeit bei den porösen Zylinderstützen verglichen mit den SdT-Zylinderstützen ist die größere Anzahl und Länge der Scanvektoren zur Fertigung des porösen Materialgefüges (vgl. Kapitel 7.3.2).

Im betrachteten Szenario (Radträger) bewirken die neu entwickelten Vektorstützen (Dreieckmuster, Dreiersteg) neben einer effektiveren Pulverentfernung eine insbesondere in innenliegenden Bauteilbereichen effektivere Stützenentfernung im Vergleich zu den SdT-Vektorstützen (Block). Durch den kleineren Materialeinsatz und die kleinere Belichtungszeit trägt das neue Stützendesign zudem zu einer Effizienzsteigerung der LPBF-Prozesskette im betrachteten Szenario bei. Um den Materialabtrag am Bauteil zu kompensieren, muss das Bauteilaufmaß abhängig vom Stützendesign gewählt werden. Während der Materialabtrag bei den Vektorstützen (SdT, neu) annähernd gleich ist und in etwa der dreifachen Dicke der halben Schmelzspurbreite ($d_{Schmelz}/2 = 125$ µm) entspricht, ist der Materialabtrag bei der Verwendung von porösen Zylinderstützen nahezu sechsmal so groß. Eine Materialeinsparung durch ein kleineres Bauteilaufmaß bei der Verwendung von porösen Zylinderstützen ist im Rahmen des untersuchten Szenarios somit nicht erkennbar.

9 Zusammenfassung und Ausblick

Mit dem LPBF-Verfahren ist die Fertigung nahezu beliebig komplexer Bauteile möglich. Aufgrund der steigenden Komplexität der LPBF-Bauteile ist die Nachbearbeitung mit den bisherigen Stützenentfernungsmethoden begrenzt realisierbar. Insbesondere Stützen in innenliegenden Bauteilbereichen (bspw. Kühlkanäle) oder an komplexen Bauteilstrukturen (bspw. Freiformflächen) lassen sich mit den vorwiegend werkzeuggebundenen Nachbearbeitungsverfahren nicht oder nur unvollständig entfernen. Die nass-chemische Stützenentfernung bietet gegenüber anderen Fertigungsverfahren zur Stützenentfernung wesentliche Vorteile hinsichtlich der Geometriefreiheit und Automatisierung. Durch das Wirkprinzip des chemischen Abtragens können Bauteile weitestgehend unabhängig von Komplexität und Größe vollständig und ohne händischen Eingriff von Stützen entfernt werden. Im Gegensatz zu den werkzeuggebundenen Verfahren (bspw. Fräsen), die auf dem Wirkprinzip der mechanischen Einwirkung eines Schneidwerkzeug oder abrasiver Partikel basieren, können mit der nass-chemischen Stützenentfernung auch innenliegende Bauteilbereiche vollständig entstützt werden. Weiterhin ermöglicht die Handhabung der Bauteile als loses Schüttgut eine parallelisierte Bearbeitung, wodurch die Durchlaufzeiten verkleinert werden können. In der vorliegenden Arbeit wird erstmals auch die nasschemische Stützenentfernung mittels Metallätzen von LPBF-gefertigten Bauteilen aus Aluminiumlegierungen demonstriert.

Beim Metallätzen mittels Natronlauge kann ein messbarer Materialabtrag bei Probekörpern aus den Aluminiumlegierungen AlSi10Mg, AlSi9Cu3 und AlSi12 sowie in verschiedenen Wärmebehandlungszuständen (SAG, T6) erzielt werden. Dabei wird die α-Mischkristallphase dominierend abgetragen und das Si-Netzwerk bzw. die Si-Kristalle verbleiben an der Materialoberfläche. Mittels Ultraschallreinigung können die Siliziumreste nahezu vollständig entfernt werden, sodass nach der nass-chemischen Behandlung in etwa wieder die ursprüngliche Elementverteilung an der Materialoberfläche vorliegt. Durch Wärmebehandlungen mit größeren Wärmebehandlungstemperaturen kann der zeitliche Materialabtrag verändert werden. So wird im Rahmen der Arbeit ein um 93% größerer Materialabtrag an zuvor T6-behandelten Probekörpern nachgewiesen. Im nicht wärmebehandelten Zustand isoliert das fein verteilte Si-Netzwerk die Al-Matrix und schränkt somit die Lösung der Al^{3+}-Ionen in den Elektrolyten ein. Durch die Wärmebehandlung formiert sich das Silizium aus dem Si-Netzwerk und α-Mischkristall zu größeren Siliziumpartikeln. Dadurch wird die Isolationswirkung verkleinert und die Al^{3+}-Ionen in der Al-Matrix gehen schneller in Lösung, wodurch auch der Materialabtrag vergrößert wird [51]. Im Rahmen zukünftiger Forschungsarbeiten könnte untersucht werden, inwiefern eine Anpassung der Mikrostruktur am Bauteil oder den Stützen durch eine Wärmebehandlung möglich ist. So könnte vielleicht eine Wärmebehandlung der Randschicht den zeitlichen Materialabtrag am Bauteil verkleinern.

Durch die nass-chemische Behandlung kann eine Rauheitsverkleinerung an Bauteiloberflächen von ca. 12-32% nachgewiesen werden. Weiterhin wird durch die Verwendung der neu entwickelten Stützendesigns an zuvor gestützten Materialoberflächen eine Rauheitsverkleinerung von ca. 16% gegenüber den SdT-Stützen erreicht. Die Rauheitsverkleinerung bewirkt eine Verbesserung des mechanischen Werkstoffverhaltens unter dynamischer Beanspruchung. Durch die Oberflächenglättung können die ertragbaren Lastspiele (Amplitudenspannung σ_A = 90 MPa) bei den wie gebauten Schwingfestigkeitsproben im Mittel um ca. 75 % vergrößert werden. Bei gedrehten Schwingfestigkeitsproben sind die ertragbaren Lastspiele (Amplitudenspannung σ_A = 140 MPa) nach der nass-chemischen Behandlung sogar im Mittel um das Achtfache größer. Die Rissausbreitung bei den nass-chemisch behandelten Schwingfestigkeitsproben erfolgt vorwiegend an Pittings, die sich aus Rauheitstälern oder Randporen herausgebildet haben können. Da die Oberflächenglättung infolge der Einebnung von Rauheitsspitzen jedoch dominiert, bewirkt dies nur bei einem Ausreißer im Rahmen der Untersuchungen eine Verkleinerung der ertragbaren Lastspiele. Weitere Forschungsarbeiten könnten an die Untersuchungen anknüpfen, um den Einfluss von zufällig auftretenden Unstetigkeiten (bspw. freigelegte Randporen, Rauheitstäler, Verunreinigungen) auf das Bearbeitungsergebnis einer nass-chemischen Behandlung und damit die mechanischen Eigenschaften zu untersuchen. Weiterhin könnte der Einfluss von verschiedenen Bauteilorientierungen und Schichtdicken auf die Rauheitsverkleinerung infolge der nass-chemischen Behandlung untersucht werden.

Auf mikroskopischer Ebene erfolgt der Materialabtrag bei LPBF-Probekörpern aus Aluminiumlegierungen infolge der Potentialdifferenz zwischen den verschiedenen Gefügephasen lokal bzw. selektiv. Aufgrund des feinen Mikrogefüges im LPBF resultiert daraus jedoch auf makroskopischer Ebene ein global bzw. flächig wirkender Materialabtrag. Der zur Materialoberfläche orthogonale Materialabtrag an Bauteilen beträgt bei Verwendung von Vektorstützen ungefähr 330 µm bis 350 µm und entspricht somit in etwa der dreifachen Dicke der halben Schmelzspurbreite ($d_{Schmelz}/2$= 125 µm). Bei Verwendung von Volumenstützen ist der Materialabtrag am Bauteil nahezu sechsmal so groß wie die Dicke der halben Schmelzspurbreite. Bei kleinen Geometriemerkmalen kann infolge lokal unterschiedlicher Temperaturen ein ungleichmäßiger Materialabtrag beobachtet werden. Dadurch kann dieser insbesondere bei kleinen Geometriemerkmalen nicht durch ein konstantes Bauteilaufmaß kompensiert werden. Zur Einhaltung der Maßhaltigkeit müssen demnach geometriebasierte Kompensationsstrategien entwickelt werden. Ansätze könnten empirisch ermittelte Kompensationsrichtlinien je nach Geometriemerkmal, eine Temperaturregelung und Umwälzung des Elektrolytbads oder kleinere Elektrolyttemperaturen und -konzentrationen sein.

Durch die Vereinzelung der Stützen in außenliegenden Bauteilbereichen und strömungsgerechte Orientierung der Stützen in innenliegenden Bauteilbereichen kann eine effektivere Pulverentfernung gegenüber dem Stand der Forschung und Technik erreicht werden. So wird bei der Anwendungserprobung des neuen Dreieckmusters und der Dreiersteg-Stützendesigns eine ca. 70% effektivere Entfernung des Restpulvers in den Stützen erreicht. Insbesondere in innenliegenden Bauteilbereichen (bspw. Kühlkanäle) bewirken die neu entwickelten Stützendesigns zudem eine effektivere Stützenentfernung. Die geometrisch bedingte eingeschränkte Zugänglichkeit und damit verbundene verzögerte Stützenentfernung in Rohrstrukturen mit Innendurchmessern d < 8 mm kann durch die Anwendung strömungsgünstiger Stützendesigns gegenüber dem Stand der Forschung und Technik verbessert werden. Durch die kleineren Stützenmassen ist die Bearbeitungsdauer zur nass-chemischen Stützenentfernung einzelner Bauteile bei den neuen Stützendesigns größer als bei den SdT-Stützendesigns. Da in der Praxis jedoch i.d.R. mehrere Bauteile bearbeitet werden müssen, ist diese durch die Möglichkeit einer parallelisierten Bearbeitung weniger relevant. Durch den kleineren Materialeinsatz bei den Stützen von ca. 41-44% und die um ca. 42-45% kleinere Belichtungszeit für die Stützen im betrachteten Anwendungsfall (Radträger) kann das neue Stützendesign zu einer deutlichen Effizienzsteigerung der LPBF-Prozesskette beitragen.

Durch die Anpassung der LPBF-Prozessparameter ist die Fertigung poröser Volumenstützen möglich, die prinzipiell schneller nass-chemisch auflösbar sind, als SdT-Volumenstützen und gleichzeitig die Belastbarkeit von SdT-Volumenstützen aufweisen. Generell kann somit eine Effizienzsteigerung bei der nass-chemischen Stützenentfernung von Volumenstützen erreicht werden. Ähnlich schnelle Masseabträge, wie bei den SdT-Vektorstützen werden im Rahmen der Untersuchungen nicht erreicht. Eine weitere Vergrößerung der Materialporositäten geht mit einer Verkleinerung der Maximalkraft einher, die nur mit einer Aufdickung kompensiert werden kann. Inwiefern die Vergrößerung der Stützenbreiten die Offenporigkeit und damit den Masseabtrag beeinflusst, könnte Gegenstand zukünftiger Forschungen sein. Weiterhin wird durch verschiedene überlagerte Effekte das Bearbeitungsergebnis und die Bearbeitungsdauer je nach Aluminiumlegierung beeinflusst, wodurch sich weitere Forschungsfragen für zukünftige Arbeiten ergeben.

Im Hinblick auf eine spätere industrielle Umsetzung der nass-chemischen Stützenentfernung mittels Natronlauge bei LPBF-Aluminiumbauteilen ergeben sich damit vielfältige Anknüpfungspunkte zur weiteren Erforschung. Mit der vorliegenden Arbeit kann bereits jetzt demonstriert werden, wie die Effektivität und Effizienz der nass-chemischen Stützenentfernung bei LPBF-Aluminiumbauteilen vergrößert werden kann. Durch die Umsetzung neuer Stützendesigns in verschiedenen Bauteilbereichen, die im Vergleich zum Stand der Forschung und Technik eine effektivere und effizientere nass-chemische Stützenentfernung bewirken, wird ein wichtiger Beitrag in Richtung automatisierter Nachbearbeitung von

LPBF-Bauteilen geleistet. Aufgrund der parallelisierten Bearbeitung der LPBF-Bauteile als Schüttgut sind mit der Etablierung der nass-chemischen Stützentfernung erhebliche Produktivitätssteigerungen im Vergleich zur konventionellen Nachbearbeitung möglich. Die gleichzeitig einhergehende Oberflächenglättung kann zudem die Einsparung von Prozessschritten bewirken, wodurch die Fertigungskosten weiter gesenkt werden können. Durch die vollständige Stützenentfernung in innenliegenden Bauteilbereichen kann die Designfreiheit beim LPBF vergrößert werden. So können bei der Anwendung der nass-chemischen Stützenentfernung nicht nur Ressourcen in der Fertigung, sondern auch in der späteren Anwendung bspw. durch einen effizienteren Leichtbau eingespart werden.

10 Kurzzusammenfassung/ Abstract

Mit dem LPBF-Verfahren ist die Fertigung nahezu beliebig komplexer Bauteile möglich. Aufgrund der steigenden Komplexität der LPBF-Bauteile ist die Nachbearbeitung mit den bisherigen Stützenentfernungsmethoden begrenzt realisierbar. Die nass-chemische Stützenentfernung bietet gegenüber anderen Fertigungsverfahren zur Stützenentfernung wesentliche Vorteile hinsichtlich der Geometriefreiheit und Automatisierung. Durch das Wirkprinzip des chemischen Abtragens können Bauteile weitestgehend unabhängig der Komplexität und Größe vollständig und ohne händischen Eingriff von Stützen auch in innenliegenden Bauteilbereichen entfernt werden. Mit der vorliegenden Arbeit ist erstmals auch die nass-chemische Stützenentfernung mittels Metallätzen von LPBF-gefertigten Bauteilen aus den Aluminiumlegierungen AlSi10Mg, AlSi9Cu3 und AlSi12 möglich. Der durch die Einwirkung von Natronlauge hervorgerufene Materialabtrag bewirkt neben der vollständigen Stützenentfernung in außen- und innenliegenden Bauteilbereichen eine Rauheitsverkleinerung an der Materialoberfläche. Dadurch kann nachweislich auch das Werkstoffverhalten unter dynamischer Beanspruchung verbessert werden. Im Rahmen der Arbeit wird abschließend die vollständige Stützenentfernung an anwendungsnahen Demonstratorbauteilen bei gesteigerter Effektivität und Effizienz gegenüber dem Stand der Forschung und Technik nachgewiesen.

The LPBF-process enables the production of almost any complexity of components. Due to the increasing complexity of LPBF-components, post-processing with the state-of-the-art removal methods is limited. Compared to other manufacturing methods for support removal, wet-chemical support removal offers significant advantages in terms of geometric freedom and automation. Due to the principle of chemical removal, components can be removed completely, regardless of their complexity and size, and without manual steps, even in internal areas of the component. With this thesis, wet-chemical support removal by metal etching of LPBF-manufactured components made of the aluminium alloys AlSi10Mg, AlSi9Cu3 and AlSi12 is possible for the first time. The material removal caused by the action of caustic soda solution not only completely removes the support in the outer and inner areas of the component but also reduces the roughness of the material surface. This has also been proven to improve the material behaviour under dynamic load. In the course of the work, the complete removal of supports from application-oriented demonstration components with increased effectiveness and efficiency compared to the state of the art is finally proven.

11 Literaturverzeichnis

[1] T. Schmithüsen, W. Meiners, F. Eibl, *Schlussbericht ToPoLight: Topologieoptimierte Leichtbaustrukturen für nachhaltige Ressourceneffizienz im Automobilsektor. FKZ: 131857 KMUi.*

[2] N.N., *Aluminum Additive Manufacturing 2019. Outlook and Database,* https://www.smartechanalysis.com/reports/aluminum-additive-manufacturing-2019-outlook-database/, Jun, 2020.

[3] T. Greene, "High-Performance Aluminum Powder: Fueling Metal AM Market Growth," *IDC Technology Spotlight,* 2020.

[4] K. E. F. Haeckel, *Reproduzierbarkeit des Laserstrahlschmelzens im Hinblick auf einen Einsatz in der automobilen Serienproduktion.* Aachen, 2020.

[5] T. Wohler, "Wohlers Report 2018. 3D Printing and additive Manufacturing State of the Industry Annual Worldwide Progress Report," *Wohlers Report,* 2018.

[6] P. F. Drucker, *The Effective Executive. The Definitive Guide to Getting the Right Things Done.* USA. Harper Business Verlag, 2006.

[7] DIN Deutsches Institut für Normung e. V., *DIN 8590: Fertigungsverfahren Abtragen. Einordnung, Unterteilung, Begriffe,* 2003.

[8] A. Gebhardt, *Additive Fertigungsverfahren. Additive Manufacturing und 3D-Drucken für Prototyping - Tooling - Produktion.* München. Hanser, 2016.

[9] D. Buchbinder, *Selective Laser Melting von Aluminiumgusslegierungen.* Aachen, 2013.

[10] W. Meiners, *Direktes selektives Laser Sintern einkomponentiger metallischer Werkstoffe.* Aachen, 1999.

[11] T. Töppel, B. Müller, K. Hoeren, et al., "Eigenspannungen und Verzug bei der additiven Fertigung durch Laserstrahlschmelzen," *Schweißen und Schneiden,* 2016.

[12] N.N., *Materialise Magics 23. User Manual,* https://www.materialise.com/de/software/magics/magics-23, Oct, 2020.

[13] F. Calignano, "Design optimization of supports for overhanging structures in aluminum and titanium alloys by selective laser melting," *Materials & Design*, vol. 64, pp. 203–213, 2014.

[14] T. Krol, M. Zäh, J. Schilp, et al., "Computational-Efficient Design of Support Structures and Material Modeling for Metal-Based Additive Manufacturing," *ANSYS Conference & 29th CADFEM Users Meeting 2011,* 2011.

[15] M. Gralow, H. Blunk, P. Imgrund, et al., "Design Guidelines zur Auswahl geeigneter Supporttypen für verschiedene Anwendungsfälle im Bereich Laserstrahlschmelzen – Auf dem Weg zur automatisierten Supportgenerierung,", 2018.

[16] Q. Han, H. Gu, S. Soe, et al., "Manufacturability of AlSi10Mg overhang structures fabricated by laser powder bed fusion," *Materials & Design*, vol. 160, pp. 1080–1095, 2018.

[17] R. M. Gouveia, F. J. G. Silva, E. Atzeni, et al., "Effect of Scan Strategies and Use of Support Structures on Surface Quality and Hardness of L-PBF AlSi10Mg Parts," *Materials*, vol. 13, p. 2248, 2020.

[18] M. Leary, T. Maconachie, A. Sarker, et al., "Mechanical and thermal characterisation of AlSi10Mg SLM block support structures," *Materials & Design*, vol. 183, p. 108138, 2019.

[19] A. Hussein, *The Development of Lightweight Cellular Structures for Metal Additive Manufacturing*. Exeter, 2013.
[20] M. Cloots, A. B. Spierings, K. Wegener, "Assessing new support minimizing strategies for the additive manufacturing technology SLM," *International Solid Freeform Fabrication Symposium*, 2013.
[21] M. X. Gan, C. H. Wong, "Practical support structures for selective laser melting," *Journal of Materials Processing Technology*, vol. 238, pp. 474–484, 2016.
[22] Chao Wei, Yuan-Hui Chueh, Xiaoji Zhang, Yihe Huang, Qian Chen, Lin Li, "Easy-To-Remove Composite Support Material and Procedure in Additive Manufacturing of Metallic Components Using Multiple Material Laser-Based Powder Bed Fusion," *Journal of Manufacturing Science and Engineering*, 2019.
[23] K. Zeng, *Optimization of support structures for selective laser melting*. Louisville, 2015.
[24] L. D. Bobbio, S. Qin, A. Dunbar, et al., "Characterization of the strength of support structures used in powder bed fusion additive manufacturing of Ti-6Al-4V," *Additive Manufacturing*, vol. 14, pp. 60–68, 2017.
[25] P. N. Johannes Lindecke, H. Blunk, J.-P. Wenzl, et al., "Optimization of support structures for the laser additive manufacturing of TiAl6V4 parts," *Procedia CIRP*, vol. 74, pp. 53–58, 2018.
[26] S. Weber, J. Montero, C. Petroll, et al., "The Fracture Behavior and Mechanical Properties of a Support Structure for Additive Manufacturing of Ti-6Al-4V," *Crystals*, vol. 10, p. 343, 2020.
[27] R. Samant, *Support Structure Accessibility and Removal in Additive Manufacturing using Octree Data Structure*. Cincinnati, 2012.
[28] R. Vaidya, S. Anand, "Optimum Support Structure Generation for Additive Manufacturing Using Unit Cell Structures and Support Removal Constraint," *Procedia Manufacturing*, vol. 5, pp. 1043–1059, 2016.
[29] N. Gardan, A. Schneider, "Topological optimization of internal patterns and support in additive manufacturing," *Journal of Manufacturing Systems*, vol. 37, pp. 417–425, 2015.
[30] Y.-H. Kuo, C.-C. Cheng, Y.-S. Lin, et al., "Support structure design in additive manufacturing based on topology optimization," *Struct Multidisc Optim*, vol. 57, pp. 183–195, 2018.
[31] M. Langelaar, "Integrated component-support topology optimization for additive manufacturing with post-machining," *Rapid Prototyping Journal*, 2019.
[32] A. Sunil, Z. Yi, Y. James, "Design and Process Optimization for Additive Manufacturing in Oil and Gas Industry," *Offshore Technology Conference*, 2020.
[33] DIN Deutsches Institut für Normung e. V., *DIN 8580: Fertigungsverfahren. Begriffe, Erklärung*, 2003.
[34] DIN Deutsches Institut für Normung e. V., *DIN 8589: Fertigungsverfahren Spanen. Teil 3: Fräsen; Einordnung, Unterteilung, Begriffe*, 2003.
[35] DIN Deutsches Institut für Normung e. V., *DIN 8589-0: Fertigungsverfahren Spanen. Teil 0: Allgemeines; Einordnung, Unterteilung, Begriffe*, 2003.
[36] N.N., *Datenblatt Oberflächenfinishinganlage M3*, https://www.solutions-for-am.com/de-de/post-process/produkt/m3, 2020.
[37] DIN Deutsches Institut für Normung e. V., *DIN 8200: Strahlverfahrenstechnik. Begriffe, Einordnung der Strahlverfahren*, 1982.

[38] N.N., *Thermische Entgratanlage TEM T250. Datenblatt,* https://de.extrudehone.com/technologie/thermisches-entgraten/, 2020.
[39] S. Bagehorn, J. Wehr, S. Nixon, A. Balastrier, T. Mertens, and H. J. Maier, "Electrochemical Enhancement of the Surface Morphology and the Fatigue Performance of Ti-6Al-4V Parts Manufactured by Selective Laser Melting," *International Solid Freeform Fabrication Symposium,* 2017.
[40] S. Bagehorn, *Electrolyte and process for the electrolytic polishing of a metallic substrate. European Patent Application,* Jun, 2015.
[41] C. S. Lefky, *Corrosion and Sensitized Microstructure Evolution of 3D Printed Stainless Steel 316 and Inconel 718 Dissolvable Supports.* Tempe, Aug, 2018.
[42] O. J. Hildreth, A. R. Nassar, K. Chasse, et al., "Dissolvable Metal Supports for 3D Direct Metal Printing," *3D Printing and Additive Manufacturing,* 2016.
[43] C. S. Lefky, B. Zucker, D. Wright, et al., "Dissolvable Supports in Powder Bed Fusion-Printed Stainless Steel," *3D Printing and Additive Manufacturing*, vol. 4, pp. 3–11, 2017.
[44] Scherillo F., "Chemical surface finishing of AlSi10Mg components made by additive manufacturing,", 2018.
[45] N. L., X. Zhou, N. Birbilis, et al., "Durability and Corrosion of Aluminium and Its Alloys: Overview, Property Space, Techniques and Developments," in *Aluminium Alloys - New Trends in Fabrication and Applications.* Z. Ahmad, Ed.: InTech, 2012.
[46] S. Cecchel, G. Cornacchia, M. Gelfi, "A study of a non-conventional evaluation of results from salt spray test of aluminum High Pressure Die Casting alloys for automotive components," *Materials and Corrosion*, vol. 70, pp. 70–78, 2019.
[47] M. Cabrini, S. Lorenzi, T. Pastore, et al., "Evaluation of corrosion resistance of Al–10Si–Mg alloy obtained by means of Direct Metal Laser Sintering," *Journal of Materials Processing Technology*, vol. 231, pp. 326–335, 2016.
[48] M. Cabrini, S. Lorenzi, T. Pastore, et al., "Corrosion behavior of AlSi10Mg alloy produced by laser powder bed fusion under chloride exposure," *Corrosion Science,* pp. 101–108, 2019.
[49] M. Cabrini, S. Lorenzi, Testa C., et al., "Statistical approach for electrochemical evaluation of the effect of heat treatments on the corrosion resistance of AlSi10Mg alloy by laser powder bed fusion," *Electrochimica Acta,* pp. 459–466, 2019.
[50] X. Gu, J. Zhang, X. Fan, et al., "Abnormal corrosion behavior of selective laser melted AlSi10Mg alloy induced by heat treatment at 300 °C," *Journal of Alloys and Compounds,* pp. 314–324, 2019.
[51] X. Gu, J. Zhang, X. Fan, et al., "Corrosion Behavior of Selective Laser Melted AlSi10Mg Alloy in NaCl Solution and Its Dependence on Heat Treatment," *Acta Metallurgica Sinica,* pp. 327–337, 2019.
[52] Holleman, A.F., Wiberg, E., *Lehrbuch der anorganischen Chemie.* Berlin, New York. Walter de Gruyter, 1995.
[53] Y. Chen, J. Zhang, X. Gu, et al., "Distinction of corrosion resistance of selective laser melted Al-12Si alloy on different planes," *Journal of Alloys and Compounds*, vol. 747, pp. 648–658, 2018.
[54] M. Fousova, V. Valesova, D. Vojtech, "Corrosion of 3D-Printed AlSi9Cu3Fe Alloy," *Manufacturing Technology*, vol. 19, pp. 29–36, 2019.

[55] M. Kausch, *Entwicklung hochbelasteter Leichtbaustrukturen aus lasergenerierten metallischen Komponenten mit Faserverbundverstärkung.* Chemnitz. Wissenschaftliche Schriften, 2013.
[56] B. Wysocki, J. Idaszek, K. Szlązak, et al., "Post Processing and Biological Evaluation of the Titanium Scaffolds for Bone Tissue Engineering," *Materials (Basel, Switzerland)*, vol. 9, 2016.
[57] N. Soro, N. Siantier, H. Attar, et al., "Surface and morphological modification of selectively laser melted titanium lattices using a chemical post treatment," *Surface & Coatings Technology,* 2020.
[58] M. Bezuidenhout, G. Ter Haar, T. Becker, et al., "The effect of HF-HNO3 chemical polishing on the surface roughness and fatigue life of laser powder bed fusion produced Ti6Al4V," *Materials Today Communications*, vol. 25, p. 101396, 2020.
[59] B. van Hooreweder, K. Lietaert, B. Neirinck, et al., "CoCr F75 scaffolds produced by additive manufacturing. Influence of chemical etching on powder removal and mechanical performance," *Journal of the mechanical behavior of biomedical materials*, vol. 70, pp. 60–67, 2017.
[60] R. Kopf, *Kostenorientierte Planung von Fertigungsfolgen additiver Technologien.* Karslruher Institut für Technologie, Mar, 2018.
[61] T. Wohler, "Wohlers Report 2020. 3D Printing and additive Manufacturing State of the Industry Annual Worldwide Progress Report," *Wohlers Report,* 2020.
[62] F. Klocke, W. König, *Fertigungsverfahren. Abtragen, Generieren und Lasermaterialbearbeitung.* Berlin, New York. Springer, 2007.
[63] N.N., *Hirtenberger Internetauftritt,* https://hes.hirtenberger.com/, 2020.
[64] N.N., *Definition Zerteilungsgrad,* https://www.chemie.de/lexikon/Zerteilungsgrad.html.
[65] T. Stengel, "Integration generativer Fertigungsverfahren in die Automobilserienfertigung. AutoAdd Abschlussbericht,", 2018.
[66] F. Ostermann, *Anwendungstechnologie Aluminium.* Berlin, Heidelberg. Springer Berlin Heidelberg, 2014.
[67] N.N., *Ecka Granules Germany GmbH Internetauftritt,* https://www.bayern-international.de/firmendatenbank/firmendetails/ecka-granules-germany-gmbh-1015356/, 2020.
[68] DIN Deutsches Institut für Normung e. V., *DIN EN ISO/ ASTM 52900. Additive Fertigung.*
[69] N.N., *SLM Solutions Group AG Internetauftritt,* https://www.slm-solutions.com/de/, 2020.
[70] N.N., *Ophir Spiricon Europe GmbH. Datenblatt Kamerabasiertes Strahlprofilmessgerät Spiricon.* Darmstadt, https://www.ophiropt.com/laser--measurement/de/beam-profilers/products/Beam-Profiling/Camera-Profiling-with-BeamGage, 2020.
[71] THIJS, L., KEMPEN, K., KRUTH, J.-P., VAN HUMBEECK, J., "Fine-structured aluminium products with controllable texture by selective laser melting of pre-alloyed AlSi10Mg powder," *Acta Materialia,* 2013.
[72] M. Fousova, D. Dvorsky, M. Vronka, et al., "The Use of Selective Laser Melting to Increase the Performance of $AlSi_9Cu_3Fe$ Alloy," *Materials (Basel, Switzerland)*, vol. 11, 2018.
[73] N.N., *Datenblatt Trumpf Truprint 3000,* https://www.trumpf.com/de_DE/.
[74] N.N., *EOS Internetauftritt,* https://www.eos.info/de, 2020.
[75] N.N., *SFM-Reinigungskabinen. Automatisiertes -Entpulvern strahlgeschmolzener Metallbauteile,* https://solukon.de/metall/, 2020.

[76] H. Chmiel, *PIUS in der Lebensmittelindustrie am Beispiel der Brauindustrie,* http://www.cleaner-production.de/fileadmin/assets/26959_-_Abschlussbericht.pdf, 2016.
[77] C. M. Schlögl, *Zerspanen und Eloxieren von Recyclingaluminium.* Leoben, 2015.
[78] T. Schmithüsen, Eibl. F., W. Meiners, "Untersuchungen zum automatisierten Entstützen SLM-gefertigter Bauteile," *RTe journal - Forum für Rapid Technologie,* 2017.
[79] Scholz, *Tickopur TR2. Datenblatt,* http://dr-stamm.de/pinf/tr2_8508-8.pdf.
[80] DIN Deutsches Institut für Normung e. V., *DIN EN ISO 25178. DIN EN ISO 25178-2:2012-09 - Geometrische Produktspezifikation (GPS) - Oberflächenbeschaffenheit.*
[81] N.N., *Datenblatt Optisches Rauheitsmessgerät InfiniteFocus,* https://www.alicona.com/de/produkte/infinitefocus/, 2020.
[82] DIN Deutsches Institut für Normung e. V., *DIN EN ISO 4288. Geometrische Produktspezifikation (GPS) - Oberflächenbeschaffenheit: Tastschnittverfahren - Regeln und Verfahren für die Beurteilung der Oberflächenbeschaffenheit,* Apr, 1998.
[83] DIN Deutsches Institut für Normung e. V., *DIN 50100: Schwingfestigkeitsversuch. Durchführung und Auswertung von zyklischen Versuchen mit konstanter Lastamplitude für metallische Werkstoffproben und Bauteile.*
[84] Forschungskuratorium Maschinenbau, *Rechnerischer Festigkeitsnachweis für Maschinenbauteile aus Stahl, Eisenguss- und Aluminiumwerkstoffen.* Frankfurt am Main, 2012.
[85] T. M. Mower, M. J. Long, "Mechanical behavior of additive manufactured, powder-bed laser-fused materials," *Materials Science and Engineering: A,* vol. 651, pp. 198–213, 2016.
[86] N.N., *Präzisionswaage Pioneer. Datenblatt,* https://eu-de.ohaus.com/de-EU/PioneerPrecision-32, 2020.
[87] N.N., *Keyence VHX-6000. Datenblatt,* https://www.keyence.de/download/download/confirmation/?dlAssetId=AS_93105&dlSeriesId=WS_SR57324, 2020.
[88] N.N., *Lichtmikroskop SZX12. Datenblatt,* https://www.olympus-ims.com/de/microscope/szx/, 2020.
[89] N.N., *Härtemessgerät Q30. Datenblatt,* https://www.qness.at/de/produkte/mikro-haertepruefer/q10-q30-q60-a-a/funktion-merkmale/, 2020.
[90] M. Trost, *Grundlagenuntersuchungen zur Entwicklung von automatisiert entfernbaren Supportstrukturen für den SLM Prozess.* Aachen, Feb, 2016.
[91] Verein Deutscher Ingenieure, "VDI 2221: Methodik zum Entwickeln und Konstruieren technischer Systeme und Produkte,", 1993.
[92] L. F. Mondolfo, *Aluminum alloys: structure and properties.* England. Butterworth-Heinemann, 1976.
[93] T. Schmithüsen, S. Bremen, J. H. Schleifenbaum, "Automatable Support Removal and Surface Smoothing of Additive Manufactured Parts Made of AlSi10Mg," *DDMC - Fraunhofer Direct Digital Manufacturing Conference,* 2018.
[94] C. Kammer, *Aluminium Taschenbuch. Band 1: Grundlagen und Werkstoffe.* Düsseldorf. Aluminium-Verlag, 1995.
[95] N.N., *Nasschemisches Ätzen von Metallen: Al, Cr, Au, Cu, Ni, Ag und Ti,* www.microchemicals.com/de/downloads/anwendungshinweise.html, 2020.
[96] N.N., *Grundlagen der Mikrostrukturierung,* www.microchemicals.com/de/downloads/anwendungshinweise.html, 2019.

12 Abkürzungen und Formelzeichen

Abkürzung	**Bedeutung**
bspw.	beispielsweise
bzgl.	bezüglich
ca.	circa
CAD	Computerunterstütztes Design (engl.: computer-aided design)
d.h.	das heißt
DIN	Deutsches Institut für Normung e.V.
EDX	Energiedispersive Röntgenspektroskopie
GKE	Gesättigte Kalomelelektrode
H × B × T	Höhe mal Breite mal Tiefe
i.d.R.	in der Regel
ISO	International Organization for Standardization
LOM	Lichtmikroskopaufnahme (engl.: light optical micrograph)
LPBF	Laser Powder Bed Fusion
max.	maximal
mech.	mechanische
min.	minimal
o.g.	oben genannt
REM	Rasterelektronenmikroskopie
RVE	Repräsentatives Volumenelement
s.	siehe
SAG	Spannungsarmglühen
US	Ultraschallreinigung
TEM	Transmissionselektronenmikroskopie
vgl.	vergleiche
WBT	Wärmebehandlungstemperatur
WEZ	Wärme-Einfluss-Zone
ZG	Zerteilungsgrad, Granularität

Formelzeichen	Bedeutung
A_g	Bruchdehnung
b_s	Streifenbreite
c	Stoffmengenkonzentration
d_{10}, d_{50}, d_{90}	Partikelgröße, bei der 10%, 50% bzw. 90% der Partikel eines Pulvers kleiner sind als der angegebene Wert
d_S	Strahldurchmesser
$d_{Schmelz}$	Einzelschmelzspurbreite
$d_{Schicht}$	Sensibilisierte Schicht
D_S	Schichtdicke
σ_A	Amplitudenspannung
E_V	Volumenenergiedichte
F_G	Schwerkraft
F_m	Maximalkraft
I	Intensität
I_0	Maximalintensität
Φ	Materialporosität
P_L	Laserleistung
R_m	Zugfestigkeit
Sa	mittlere Flächenrauheit
t	Zeit
T	Temperatur
v_S	Scangeschwindigkeit
V_{th}	Theoretische Aufbaurate
Δy_S	Mittlerer Schmelzspurabstand oder Hatchabstand
Δy_{KS}	Kontur-Volumen-Abstand

13 Anhang

Anhang A1 Geometrische Parameter von Blockstützen aus dem Aufbereitungsprogramm Materialise Magics

In Bild 80 sind die wesentlichen geometrischen Parameter von Blockstützen aus dem Aufbereitungsprogramm Materialise Magics, sowie die verwendeten Werte für die SdT-Vektorstützen dargestellt.

Perforation	*Solltrennstellen (Zähne)*	*Fragmentation*

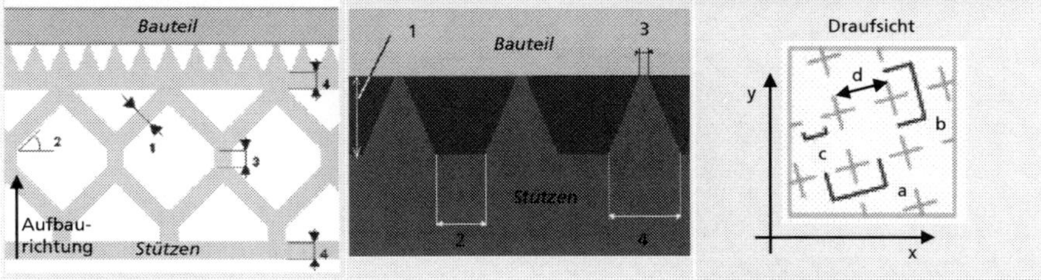

Rautenförmige Perforation der Vektorstützen:	Zahnförmige Solltrennstellen:	Vereinzelung der Stützen (Fragmentation):
1. Stegbreite 2. Stegwinkel 3. Höhe vertikaler Stege 4. Höhe des soliden Bereichs	1. Höhe der Zähne (engl. Height) 2. Abstand der Zähne (engl. Base Interval) 3. Anbindungslänge des Zahns (engl. Top Length) 4. Grundlänge des Zahns (engl. Base Length)	a. Intervall in x-Richtung b. Intervall in y-Richtung c. Abstand zwischen den fragmentierten Stützen d. Abstand benachbarter Stützenwände (Hatching)

Stegbreite [mm]	0,6	Height [mm]	2	Hatching [mm]	2,5
Stegwinkel [°]	60	Base Interval [mm]	0		
Höhe vertikaler Stege [mm]	0	Top Length [mm]	0,4		
Höhe des soliden Bereichs [mm]	1	Base Length [mm]	1,5		

Bild 80: Geometrische Parameter von Blockstützen aus dem Aufbereitungsprogramm Materialise Magics und verwendete Werte für die SdT-Vektorstützen

Anhang A2 Zusammenfassung einiger Stützendesigns nach dem Stand der Forschung

In Tabelle 11 sind ergänzend zu Tabelle 1 weitere Stützendesigns nach dem Stand der Forschung tabellarisch zusammengefasst.

Typ	Stützendesign und Probekörper
k) Schoen Gyroid; Schwartz Diamond; Schwartz W; Neovius Surface [18]	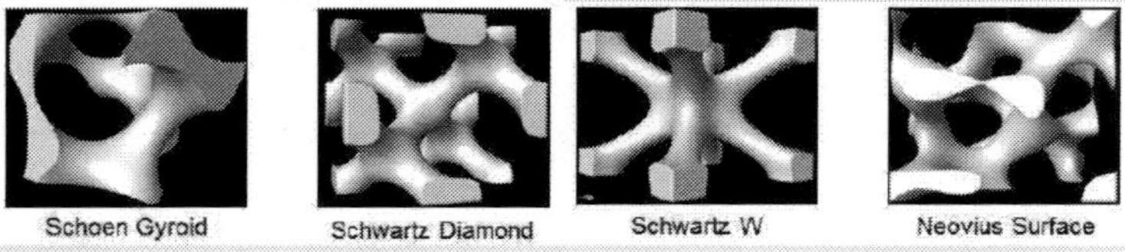
l) IY- & Y-Volumen-stützen [20]	
m) „Heartcell"-Vektorstützen [31]	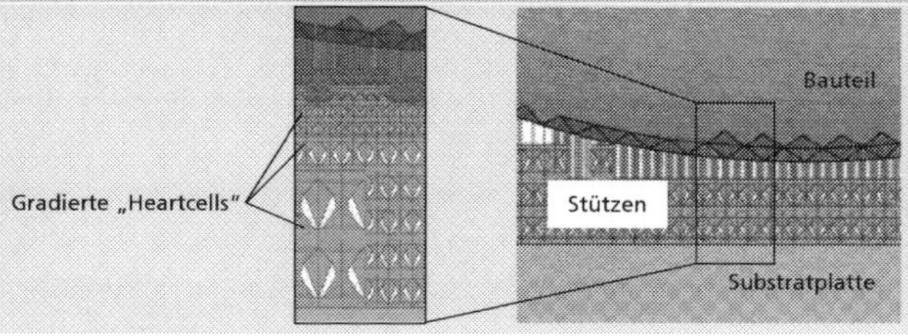

Tabelle 11: Zusammenfassung einiger Stützendesigns nach dem Stand der Forschung

Anhang A3 Phasendiagramm des binären Systems Aluminium-Silizium

In Bild 81 ist das Phasendiagramm des binären Systems Aluminium-Silizium nach Mondolfo [92] wiedergegeben.

Bild 81: Phasendiagramm des binären Systems Aluminium-Silizium nach [92]

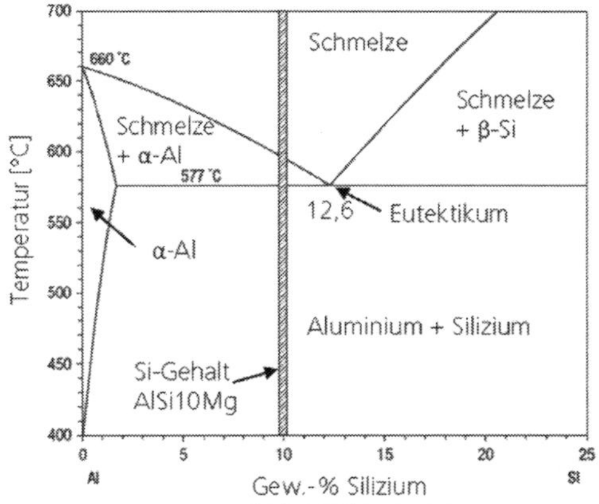

Anhang A4 Weiterführende Informationen zur Einwirkung von Natronlauge auf LPBF-Probekörper aus der Aluminiumlegierung AlSi10Mg

In Bild 82 ist der zeitliche Materialabtrag (Tiefenabtrag) an LPBF-Probekörpern (Quader, 10x5x20 mm³) aus der Aluminiumlegierung AlSi10Mg bei der Einwirkung von Natronlauge bei verschiedenen Laugenkonzentrationen dargestellt. Die Versuche zur Ermittlung der Materialabträge wurden bei einer Elektrolyttemperatur T = 80°C durchgeführt.

Bild 82: Zeitlicher Materialabtrag an LPBF-Probekörpern aus der Aluminiumlegierung AlSi10Mg bei der Einwirkung von Natronlauge [93]

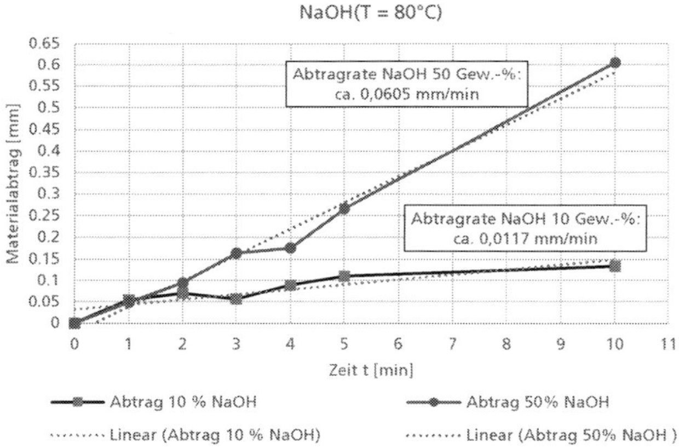

Der zeitliche Tiefenabtrag erfolgt annähernd linear und ist in etwa proportional zur Laugenkonzentration. Mit größerer Laugenkonzentration vergrößert sich der Tiefenabtrag. In Bild 83 sind die Rauheiten (Sa) an den Materialoberflächen parallel zur Aufbaurichtung der nass-chemisch behandelten Quader bei verschiedenen Bearbeitungsdauern wiedergegeben.

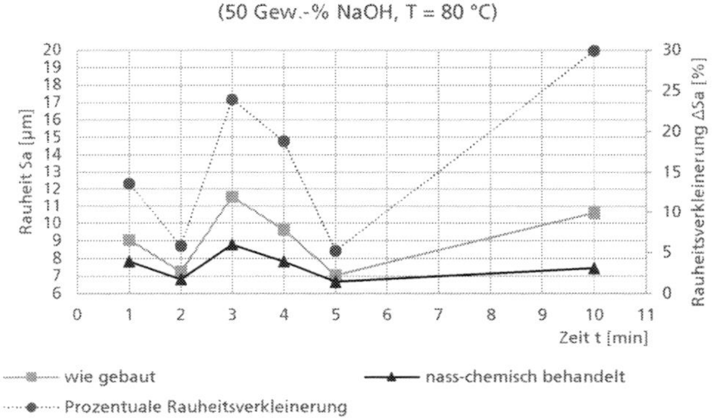

Bild 83: Rauheiten und prozentuale Rauheitsverkleinerung an LPBF-Probekörpern aus der Aluminiumlegierung AlSi10Mg bei der Einwirkung von Natronlauge [93]

Die nass-chemische Behandlung bewirkt bei allen untersuchten Quadern eine Rauheitsverkleinerung. Im Umfang der Untersuchungen kann die Rauheit um ca. 30% (Bearbeitungsdauer t = 10 min) verkleinert werden. Der Einfluss der Initialrauheit (wie gebaut) auf die Größe der Rauheitsverkleinerung ist gegenüber der Bearbeitungsdauer dominierend.

Anhang A5 Elektrochemische Potentialwerte einiger Legierungselemente und intermetallischer Phasen bei Aluminiumlegierungen

In Tabelle 12 sind die elektrochemischen Potentialwerte einiger Legierungselemente und intermetallischer Phasen von Aluminiumlegierungen tabellarisch aufgeführt.

Tabelle 12: Elektrochemische Potentialwerte einiger Legierungselemente und intermetallischer Phasen in Aluminiumlegierungen [66, 94]

Legierungselement	*Gefügebestandteil*	*Potential (mV(GKE))*	
		pH 7,5	*pH 4,5*
Fe	Al_3Fe	-580	-660
Mn	Al_6Mn	-880	-800
Mn + Fe	$Al_6(Mn, Fe)$	-830	-800
Mg	Al_8Mg_5	-1380	-1090
Si	Si	-500	-580
Al	Al	-667	-
Si + Fe	$Al_{12}Fe_3Si$	-720	-720
Mg + Si	Mg_2Si	-1230	-1240
Cu	Al_2Cu Cu	-620 -230	-620 -260

Die Werte wurden bei pH-Wert = 4,5 in 3 % NaCl, sowie bei pH-Wert = 7,5 in künstlichem Meerwasser gegen eine gesättigte Kalomelelektrode (GKE) gemessen.

Anhang A6 Versuchsaufbauten zur nass-chemischen Behandlung und Stützenentfernung

In Bild 84 und Bild 85 sind die Versuchsaufbauten zur nass-chemischen Behandlung und Stützenentfernung dargestellt.

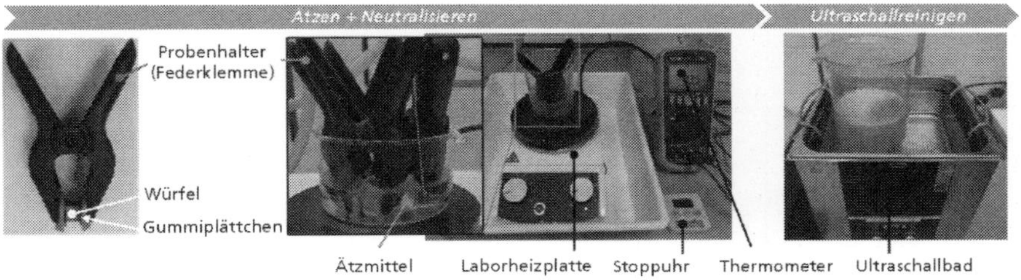

Bild 84: Versuchsaufbau zur nass-chemischen Behandlung der Würfel

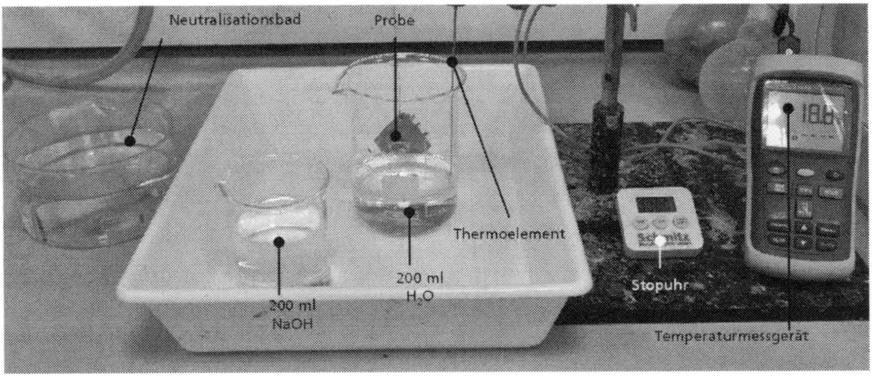

Bild 85: Versuchsaufbau zur nass-chemischen Stützenentfernung der Quader

Anhang A7 Temperaturverläufe verschiedener Wärmebehandlungsarten für die Aluminiumlegierung AlSi10Mg

In Bild 86 sind Temperaturverläufe verschiedener Wärmebehandlungsarten (SAG = Spannungsarmglühen, T6 = T6-Wärmebehandlung) für die Aluminiumlegierung AlSi10Mg dargestellt.

Bild 86: Schematische Darstellung der Temperaturverläufe verschiedener Wärmebehandlungsarten (SAG = Spannungsarmglühen, T6 = T6-Wärmebehandlung)

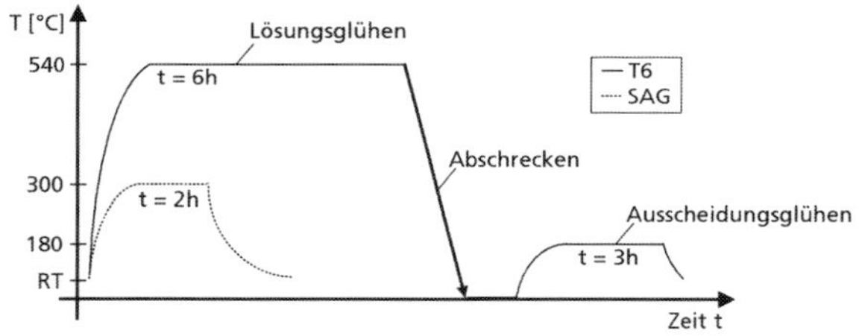

Beim Spannungsarmglühen zur Verkleinerung thermisch induzierter Eigenspannungen werden die noch auf der Substratplatte befindlichen Bauteile für eine Bearbeitungsdauer von t = 2 h auf eine Wärmebehandlungstemperatur (WBT) von T = 300 °C erhitzt. Die Abkühlung erfolgt im Ofen.

Die T6-Wärmebehandlung erfolgt in der Regel nach der Bauteilseparation von der Substratplatte und der Stützenentfernung. Die Bauteile werden dazu zunächst bei einer WBT von T = 540 °C für eine Bearbeitungsdauer von t = 6 h in inerter Atmosphäre (bspw. Argon) lösungsgeglüht. Nach dem Lösungsglühen werden die Bauteile in Wasser bis auf Raumtemperatur (T = 20 °C) abgeschreckt und anschließend für eine Bearbeitungsdauer von t = 3 h warmausgelagert. Dadurch scheidet sich die Sekundärphase Magnesium-Silicid (Mg_2Si) aus, welche eine Festigkeitssteigerung bewirkt. Je nach gewünschtem Bearbeitungsergebnis können die WBTs und Bearbeitungsdauern variieren.

Anhang A8 Ergänzender Vorversuch für die Bestimmung einer Bearbeitungsdauer zur nass-chemischen Behandlung mittels sauren Elektrolyts (Phosphorsäure (H_3PO_4))

Ergänzend zu den Untersuchungen mit einem basischen Elektrolyt (NaOH) in Kapitel 5 werden im Folgenden die Untersuchungen mit einem sauren Elektrolyt (H_3PO_4) vorgestellt. Als Elektrolyt wird eine fertige Mixtur aus Phosphorsäure (ca. H_3PO_4, 80 Gew.-%), Salpetersäure (HNO_3), Essigsäure (CH_3COOH) und Wasser (H_2O) [95] verwendet. Die Versuche werden ansonsten identisch zu den Versuchen mit Natronlauge durchgeführt.

Während sich der Probekörper (Einzelspurwand) im basischen Elektrolyt bereits nach wenigen Minuten (t = 45 min) vollständig auflöst, ist bei der Einwirkung des sauren Elektrolyts auch nach t =2:30 h kein Materialabtrag visuell erkennbar. Auch die Erhöhung der Elektrolyttemperatur von T = 50 °C auf T = 80 °C und die Verlängerung der Bearbeitungsdauer auf t = 6 h führt zu keinem messbaren Materialabtrag. Ursächlich für den im Vergleich zu den Herstellerangaben verkleinerten Materialabtrag (vgl. [96]) ist die Aluminiumhydroxidschicht ($Al(OH_3)$) auf der Probekörperoberfläche. Es wird vermutet, dass die passivierende Schicht nicht oder nur sehr verzögert durch die Phosphorsäure aufgelöst wird. Zur Prüfung dieser Hypothese wird ein vergleichender Ätzversuch mit einem unbehandelten (mit Oxidschicht) und einem aufgerauten (verkleinerte Oxidschicht) Probekörper durchgeführt. Wie in Bild 87 zu sehen ist, weist der aufgeraute Probekörper eine deutliche Gasentwicklung (Wasserstoff) im Vergleich zum unbehandelten Probekörper auf.

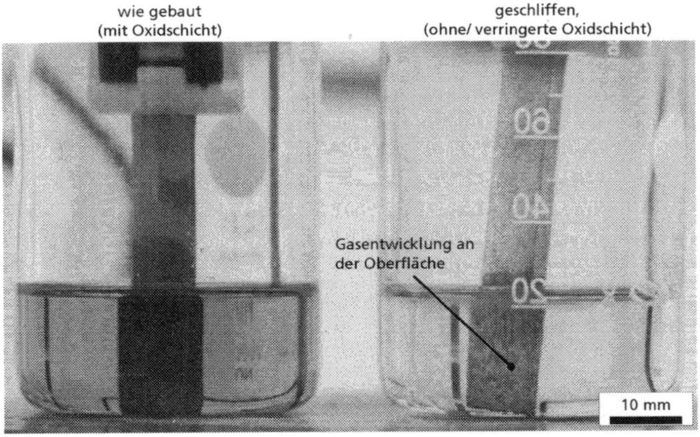

Bild 87: Exemplarische Darstellung der unbehandelten und angerauten Einzelschmelzspurproben mit deutlicher Gasentwicklung

Dies ist ein Hinweis auf eine stärkere chemische Reaktion zwischen der Aluminiumlegierung und der Säure und damit auf einen erhöhten Materialabtrag. Da der Materialabtrag mit der Phosphorsäure im Rahmen der Untersuchungen zu zeitintensiv für die nass-chemische Stützenentfernung ist, wird die nass-chemische Stützenentfernung mittels sauren Elektrolyts nicht weiterverfolgt.

Anhang A9 Ergebnisse quasistatischer Zugversuche mit un- und nass-chemisch behandelten Zugproben

Nachfolgend werden ergänzend zu den Schwingfestigkeitsversuchen in Kapitel 6 die Ergebnisse quasistatischer Zugversuche mit un- und nass-chemisch behandelten Zugproben erläutert. Die Zugproben werden endkonturnah in Anlehnung an die DIN 50125, Form B mittels LPBF aus der Aluminiumlegierung AlSi10Mg gefertigt. Die Zugproben, die nach der Fertigung nass-chemisch behandelt werden, werden mit einem Materialaufmaß $d = d_{Schmelz}/2 = 125\ \mu m$ aufgebaut. In Bild 88 sind die Spannungs-Dehnungs-Verläufe der wie gebauten und nass-chemisch behandelten Zugproben wiedergegeben.

Bild 88: Spannungs-Dehnungs-Verläufe un- und behandelter Zugproben (unbehandelt: 1, 38, 40, 41, 46; behandelt: 44, 12, 7, 10, 54)

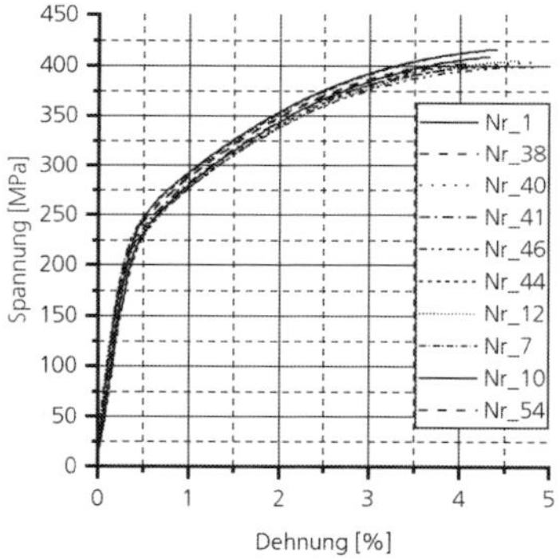

Die Spannungs-Dehnungs-Verläufe der un- und nass-chemisch behandelten Zugproben spiegeln die in der Literatur beschriebenen Verläufe wieder [9]. Zwischen den Verläufen der un- und nass-chemisch behandelten Zugproben sind keine messbaren Unterschiede erkennbar. In Bild 89 sind die Zugfestigkeiten, Dehngrenzen und Bruchdehnungen der Zugproben visualisiert.

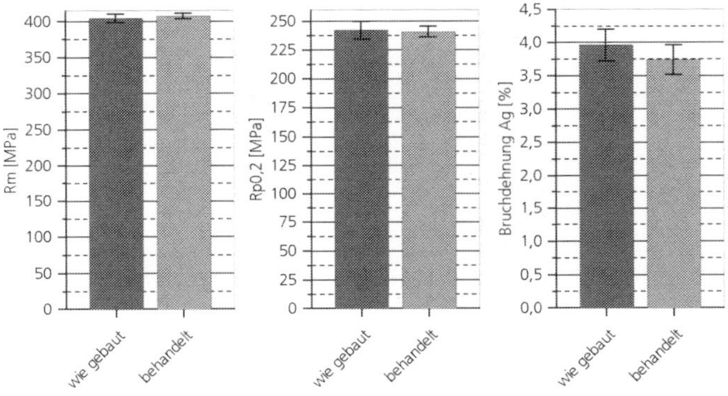

Bild 89: Zugfestigkeit, Dehngrenze & Bruchdehnung von un- und nass-chemisch behandelten Zugproben

Die mechanischen Kennwerte der nass-chemisch behandelten Zugproben sind annähernd gleich zu den unbehandelten Zugproben. Die nass-chemische Behandlung hat demnach keinen messbaren Einfluss auf die mechanischen Eigenschaften unter statischer Beanspruchung.

Anhang A10 Absoluter Masseabtrag, Zugfestigkeit der Multizugproben bei verschiedenen LPBF-Prozessparametern

In Bild 90 sind ergänzend zu den Untersuchungsergebnissen in Bild 58 die absoluten Materialabträge und Zugfestigkeiten der Multizugproben bei verschiedenen LPBF-Prozessparametern dargestellt.

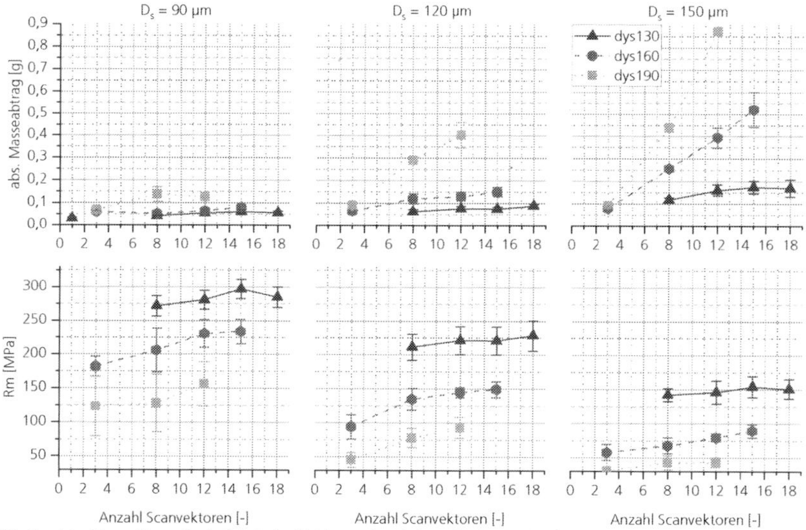

Bild 90: Absoluter Masseabtrag, Zugfestigkeit der Multizugproben bei verschiedenen LPBF-Prozessparametern

Anhang A11 LPBF-Prozessparameter zur Fertigung der Stützen in der Anwendungserprobung

In Tabelle 13 sind die LPBF-Prozessparameter zur Fertigung der Stützen in der Anwendungserprobung tabellarisch zusammengefasst.

Tabelle 13: LPBF-Prozessparameter zur Fertigung der Stützen in der Anwendungserprobung

LPBF-Prozessparameter	*Maßeinheit*	*SdT-Vektorstützen*	*SdT-Volumenstützen*	*Porose Volumenstützen*
Schichtdicke D_s	[µm]	90		150
Hatchabstand Δy_s	[µm]	-	130	
Laserleistung P_L	[W]	350		
Scangeschwindigkeit v_s	[mm/s]	1650		
Theoretische Stützenbreite b/ -durchmesser d 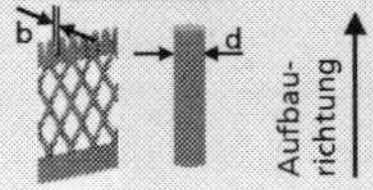	[mm]	0,25	1,16	2,07

Anhang A12 Zeitliche Temperaturverläufe der nass-chemischen Stützenentfernung ausgewählter Rohrsegmente

In Bild 91 sind exemplarisch zeitliche Temperaturverläufe bei der nass-chemischen Stützenentfernung von ausgewählten Rohrsegmenten aufgeführt.

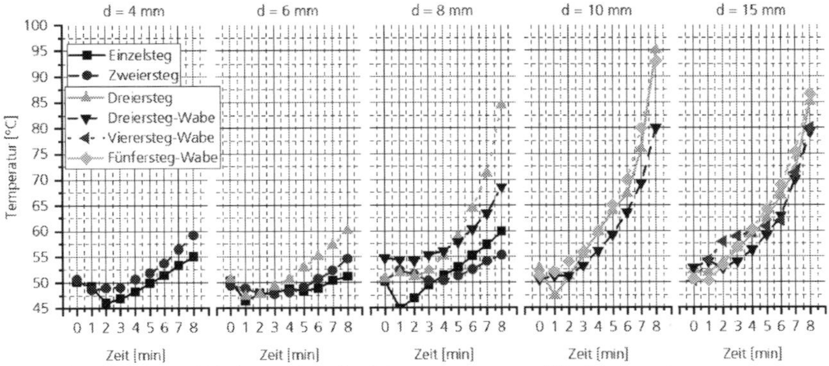

Bild 91: Zeitliche Temperaturverläufe der nass-chemischen Stützenentfernung ausgewählter Rohrsegmente

In Bild 92 sind zeitliche Temperaturverläufe der nass-chemischen Stützenentfernung der verschiedenen Probekörper bei der Anwendungserprobung (Q = Quader mit Geometriemerkmalen; R = Radträger) wiedergegeben.

Bild 92: Zeitliche Temperaturverläufe der nass-chemischen Stützenentfernung der verschiedenen Probekörper bei der Anwendungserprobung (Q = Quader mit Geometriemerkmalen; R = Radträger)

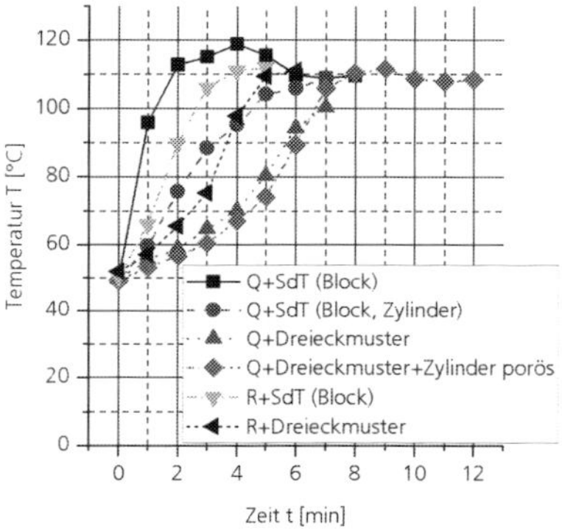

Anhang A13 Weiterführende Informationen zu den Untersuchungen in der Anwendungserprobung

In Bild 93 sind die relativen Restpulvermengen nach der Pulverentfernung und Bauteilseparation, Bearbeitungsdauern und theoretischen Stützenmassen der Quader mit Geometriemerkmalen aufgeführt.

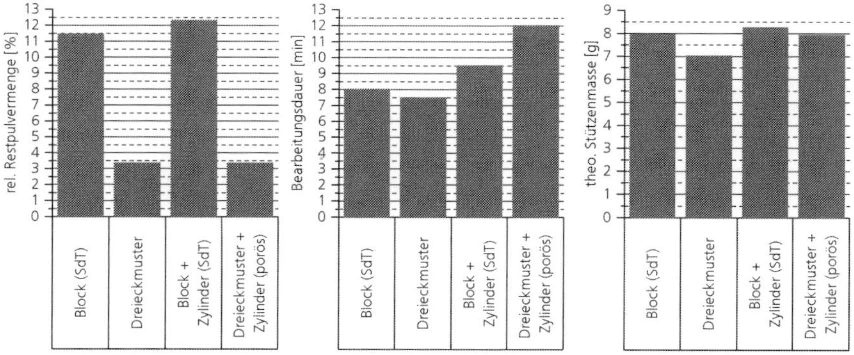

Bild 93: Relative Restpulvermengen, Bearbeitungsdauern zur nass-chemischen Stützenentfernung und theoretische Stützenmassen der Quader mit Geometriemerkmalen bei unterschiedlichen Stützendesigns

Anhang A14 Verwendete Stützendesigns für die Anwendungserprobung am Radträgermodell

Stützendesigns für die außenliegenden Bauteilbereiche des Radträgers sind in Bild 94 dargestellt.

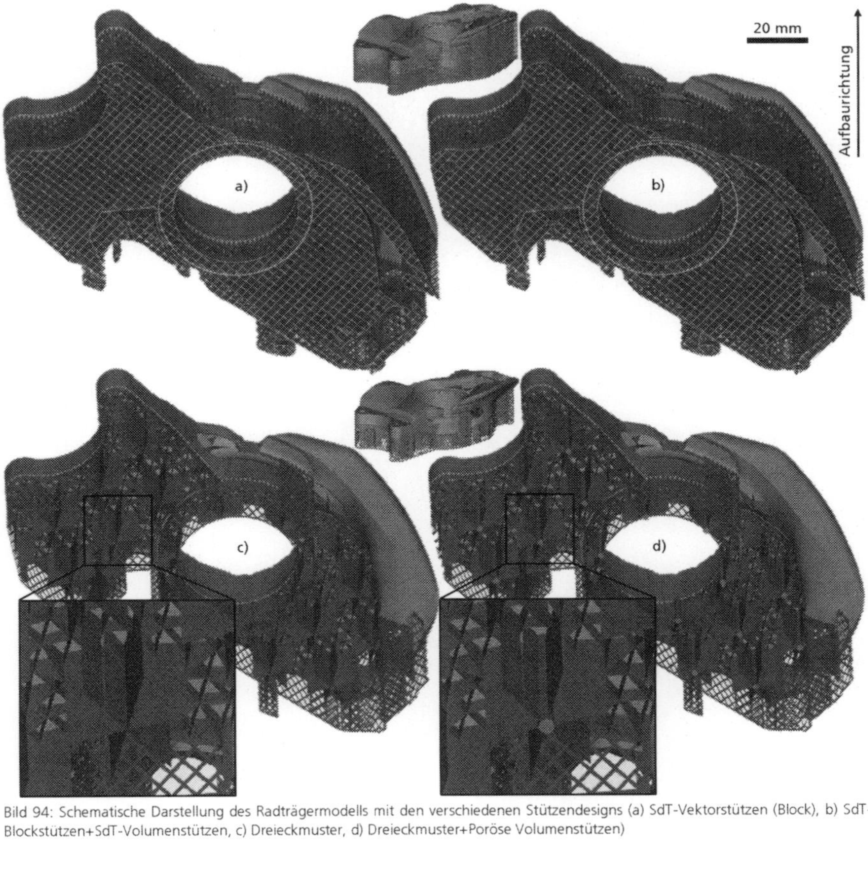

Bild 94: Schematische Darstellung des Radträgermodells mit den verschiedenen Stützendesigns (a) SdT-Vektorstützen (Block), b) SdT-Blockstützen+SdT-Volumenstützen, c) Dreieckmuster, d) Dreieckmuster+Poröse Volumenstützen)

Stützendesigns für die innenliegenden Bauteilbereiche des Radträgers sind in Bild 95 dargestellt.

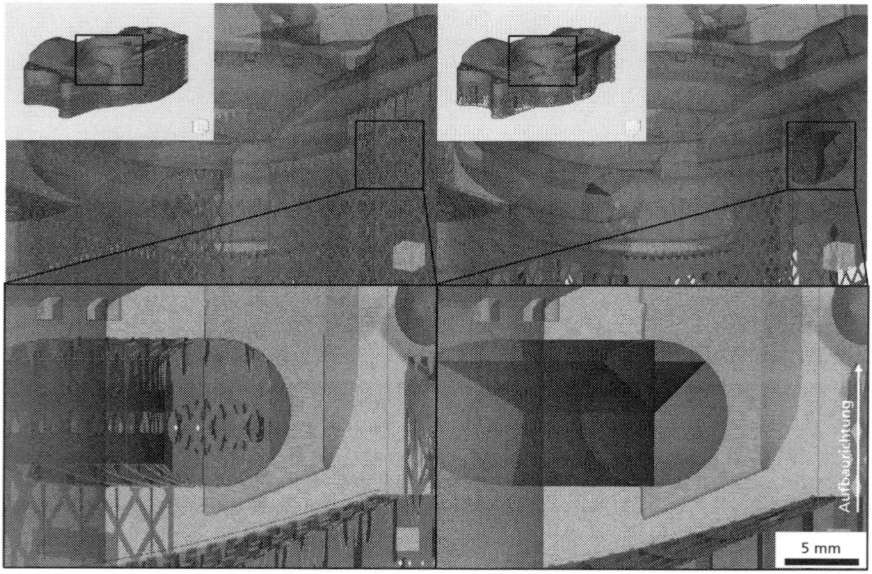

Bild 95: Schematische Darstellung der verschiedenen Stützstrategien (links: SdT-Blockstützen, rechts: Strömungsgerechte Dreiersteg-Stützen) für innenliegende gestützte Bauteilbereiche (Kühlkanal)

Anhang A15 Materialstärkenmessungen der Geometriemerkmale eines exemplarischen Quaders (Dreieckmuster) mittels Lichtmikroskop

In Bild 96 und Bild 97 sind die Materialstärkenmessungen der Geometriemerkmale eines exemplarischen Quaders (Dreieckmuster) dargestellt. Die Messungen sind jeweils an der kleinsten Stelle des Geometriemerkmals in der Draufsicht gemessen.

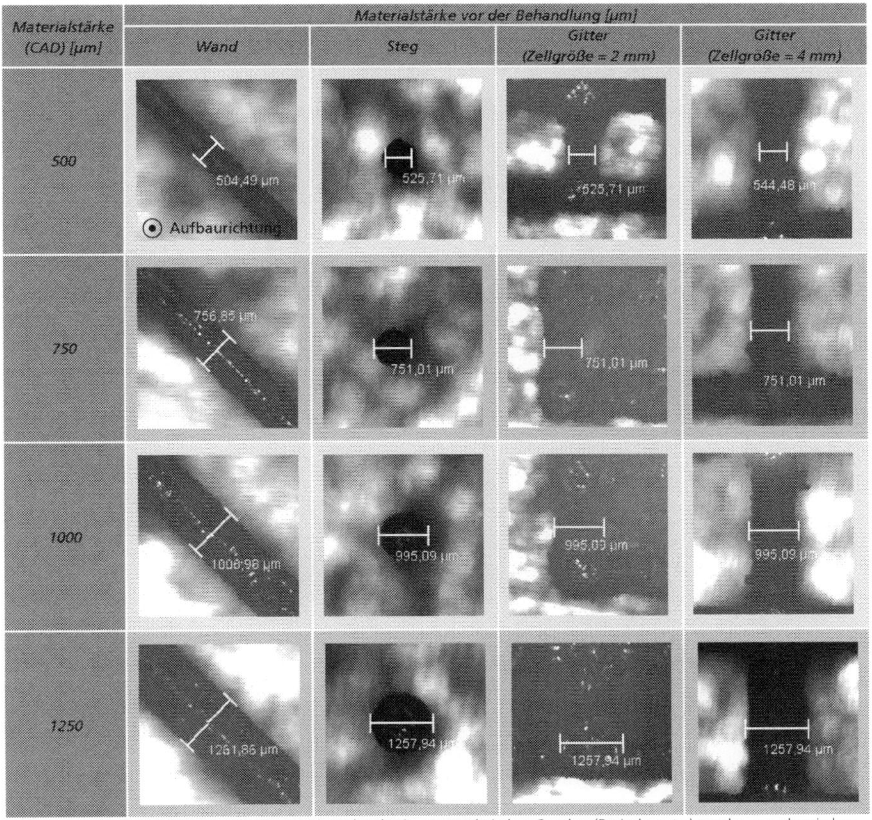

Bild 96: Materialstärkenmessungen der Geometriemerkmale eines exemplarischen Quaders (Dreieckmuster) vor der nass-chemischen Behandlung

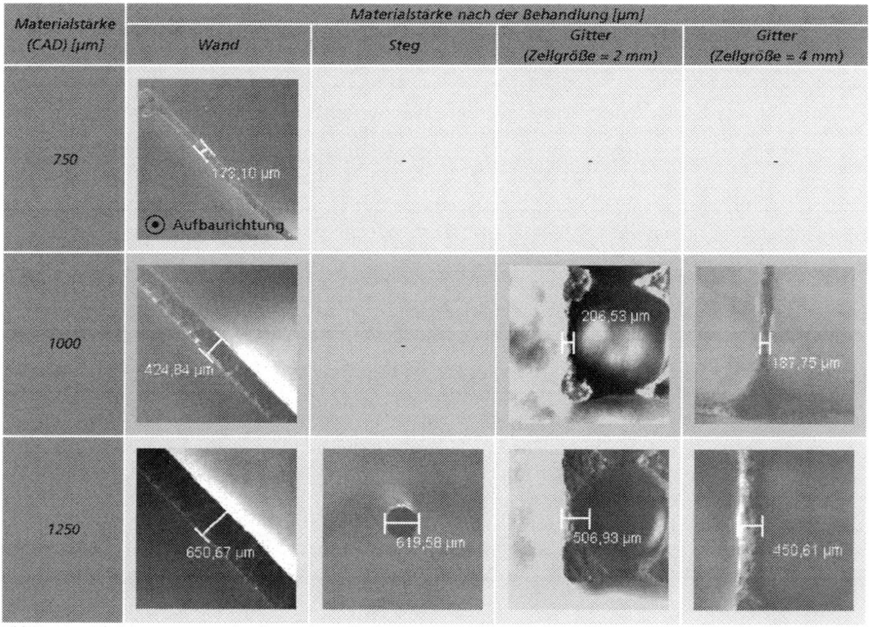

Bild 97: Materialstärkenmessungen der Geometriemerkmale eines exemplarischen Quaders (Dreieckmuster) nach der nass-chemischen Behandlung

In der Reihe **Ergebnisse aus der Lasertechnik** zuletzt erschienen:

Brenner, Andreas:

Sequentielle Ultrakurzpuls-Laserbearbeitung zur effizienten Oberflächentexturierung

ISBN 978-3-86359-984-3

Erscheinungsdatum: 22.07.2021

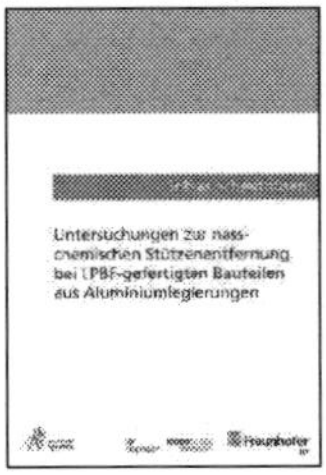

Schmithüsen, Tobias:

Untersuchungen zur nass-chemischen Stützenentfernung bei LPBF-gefertigten Bauteilen aus Aluminiumlegierungen

ISBN 978-3-86359-982-9

Erscheinungsdatum: 10.07.2021

Engelhardt, Sascha:

Zweiphotoneninduzierte Vernetzung zur Generierung mikroskaliger Zellumgebungen

ISBN 978-3-86359-960-7

Erscheinungsdatum: 23.04.2021

Häusler, André:

Präzisionserhöhung beim Laserstrahl-Mikroschweißen durch angepasstes Energiemanagement

ISBN: 978-3-86359-933-1

Erscheinungsdatum: 04.02.2021

Edition Wissenschaft
Apprimus

van der Straeten, Kira:

Laserbasiertes Fügen von Kunststoff-Metall Hybridverbindungen mittels selbstorganisierter Mikrostrukturen

ISBN: 978-3-86359-938-6

Erscheinungsdatum: 04.02.2021

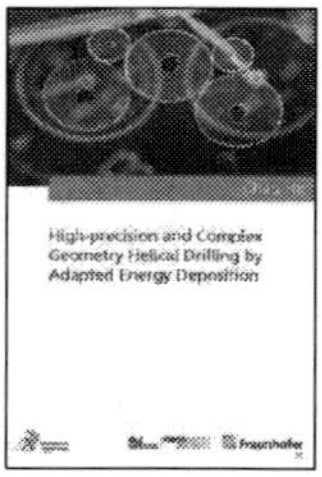

He, Chao:

High-precision and Complex Geometry Helical Drilling by Adapted Energy Deposition

ISBN: 978-3-86359-916-4

Erscheinungsdatum: 26.11.2020

Schniedenharn, Maximilian:

Einfluss von Fokusshift und Prozessnebenprodukten auf den Laser Powder Bed Fusion Prozess

ISBN: 978-3-86359-910-2

Erscheinungsdatum: 10.11.2020

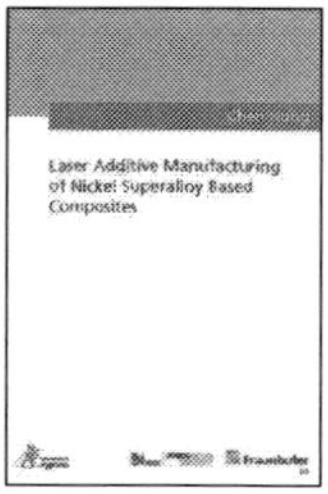

Hong, Chen:

Laser Additive Manufacturing of Nickel Superalloy Based Composites

ISBN: 978-3-86359-883-9

Erscheinungsdatum: 13.08.2020

Edition Wissenschaft
Apprimus

FSC
www.fsc.org
MIX
Papier | Fördert
gute Waldnutzung
FSC® C083411

Kolibri 360 GmbH
Ferdinand-Jühlke-Straße 7
99095 Erfurt, Deutschland
produktsicherheit@kolibri360.de